# 现代农业实用审美

欧 俊 著

中国林业出版社
·北京·

## 内容提要

中国传统美学讲究真、善、美一致的原则,这是传统美学的精髓。同样,现代农业实用审美也应符合这一原则。在现代农业审美中,应把真实作为美的基础,把善作为美的前提,最后显示实实在在的美。本书分为八章,分别以现代农业、美学、审美要素等基本理论和实用审美方法为切入点,较为系统地阐述了如何在实际生产生活中认识和感受现代农业的美,解析现代农业不同对象的审美特征和审美方法,让人们学会在符合客观规律的真实情况中,探索发现现代农业的美。

### 图书在版编目(CIP)数据

现代农业实用审美/欧俊著. —北京:中国林业出版社,2021.1
ISBN 978-7-5219-0920-3

Ⅰ. ①现… Ⅱ. ①欧… Ⅲ. ①现代农业—审美 Ⅳ. ①S-02

中国版本图书馆CIP数据核字(2020)第239268号

**中国林业出版社**

责任编辑:陈 惠
电 话:(010)83143614

| | |
|---|---|
| 出版发行 | 中国林业出版社(100009 北京市西城区刘海胡同7号) |
| 网 址 | https://www.forestry.gov.cn/lycb.html |
| 印 刷 | 河北京平诚乾印刷有限公司 |
| 版 次 | 2021年1月第1版 |
| 印 次 | 2021年1月第1次印刷 |
| 开 本 | 787mm×1092mm 1/16 |
| 印 张 | 11.75 |
| 字 数 | 269千字 |
| 定 价 | 78.00元 |

未经许可,不得以任何方式复制或抄袭本书之部分或全部内容。

**版权所有 侵权必究**

# 前　言

21世纪,农业美学悄然兴起,田园综合体、农业综合开发、观光农业、设施农业、生态农业等的产生与发展,无不体现着人类对美、对农业美的追求,无不是在实践基础上探索的最好例证。2006年以来,我国掀起的社会主义新农村建设的热潮,是对田园景观化、村庄民俗化、自然生态化的追求,更是对农业审美的需求和实践。2003年8月,第五届国际环境美学会议在芬兰召开,主题就是"农业美学",与会人员有来自美国、芬兰、加拿大、挪威、波兰、瑞士、瑞典、爱尔兰、冰岛和我国的专家、学者。这既是农业审美在理论上研究的一个标志,也是农业审美成为国际性研究的一个标志。总之,农业审美已成为现代农业发展的一个方向。显然,这就需要人们的研究和实践,需要人们创立一个足以指导其发展的理论。

从历史来看,人类的生产方式最早是渔猎采集,直接从自然界获取生活所必需的资料,其后,人类不再直接从自然界获取生活所需物质,而改为种植和圈养。人工种植和圈养可以看成是人从自然界间接地获取生活资料。人工种植的植物如稻、麦,圈养的动物如牛、羊,虽仍然是自然物,却已不是野生的自然物,而是"人造"的自然物。从某种意义上讲,农作物和牲畜是人的本质力量对象化的产物。农业的本质是人部分地代自然司职。农业所生产的作物、畜类均是有生命的,因此,农业生产的这种"对话"不是一般的人与物的对话,而是人的生命与物的生命的对话。这里又可以分成两种情况:一是人与真实的生命物——农作物、牲畜的对话;二是人与被人移情化了的自然界的对话。所谓移情化了的自然界,即被人情感化了的自然界。农民对于影响农业收成的大自然因素,诸如太阳、月亮、雨、露、风、霜等,都将其情感化了。这种情感化既有原始宗教的意味,也有审美移情的意味。正因为如此,农业劳动在人类所有的劳动中,是最具审美意味的劳动。劳动过程既是人的意志的对象化,更是人的情感的对象化。

现代农业的美首先是对农民而言的,农民是农业审美的主体。然而数千年来,赞美农村风光和欣赏农业美的,主要不是农民,而是城里人,其中主要是知识分子。这些人不是农民,不能充分体会农业的艰辛,也不能充分体会农民对农业、对农村的复杂情感。这种对农业的审美是片面的。要让农民真正成为农业审美和传播的主体,就必须将他们被压抑了的审美需求释放出来,让他们不再以唯功利的眼光,而是以审美的眼光看待自己的生产对象和生活环境。不论是从国富民强的意义来说,还是从释放农民的审美潜能来说,农业都必须有一个大发展;同时,也要澄清传统农业与现代农业的区别,这也是撰写《现代农业实用审美》一书的目的之一。

随着生产资料和社会生产力的不断变化发展,农业的生态使命日益凸显,使得它本具有的生态美这一性质得到彰显。生态美不是一种独立存在的美,而是一种审美性质,它存在于诸多的审美对象中,自然界中有,社会界中也有。在自然界与社会界相交融的农业世界中,有着最为丰富、也最为深刻的生态审美性。农业的审美使命也是时代赋予的。农业源于大自然赋予人类的生产方式类型,又由于是在天地间进行的劳作,因此,它本就具有浓郁的审美潜质。

农村作为现代农业的环境载体,其突出的审美资质是拥有更多山林、草地、河流,而且它不是人造的,而是自然原本就有的。本书强调:现代农业审美要充分与自然山水相结合,依山傍水,显山亮水,突出人与自然的亲和性;从景观来说,农村景观的特色是农业景观,那就是田野、牧场、种植基地等。反过来,人们到农村去,如果看不到山、水、田、林,看不到牛、羊、鱼、虾,看不到人居建筑与自然的和谐统一,看不到农村区域化的特色生态,那就是现代农业发展的失败。因此,本书的价值在于唤醒大众对现代农业审美真、善、美的真正认知,唤起人们对现代农业发展中衍生的假、丑、恶的抵制,以案例分析来纠正大众对现代农业的审美误区。

《现代农业实用审美》的研究创新之处与价值,在于从审美的理论和应用两个方面来探讨现代农业的审美价值,从生态美学、环境美学、美学心理学、景观美学等多维度进行研究,以便更广泛、更完善、更深层次地来挖掘美学与现代农业的内在本质与存在形态。这样不仅有助于美学学科研究本身的科学化、认同化,更有助于美学学科研究领域的完善,同时对于当前我国大力发展和推进现代农业建设有着极为重要的现实意义。在当前看来,人们不能让对农业的审美研究游离于美学之外,而是要把现代农业作为美学研究的一个维度而使其置于整个美学的研究体系当中,这不仅符合辩证法的理论要求,同时对于未来美学、现代农业审美的应用研究也具有重要意义。

本书从构思到完稿历时3年有余,从构架设计、资料收集、实地调研、书稿撰写到拙稿完成,我更深层次地认识农业之美、感受农业之美、享受农业之美,学术水平也得到了提升,虽有艰辛痛苦,确也受益匪浅。本书也是集体智慧的结晶,是同仁们共同努力的结果。参加本课题研究的还有袁金娥、叶春近、方秉兆、罗京、杨铱、刘礼等同仁。

在本书的撰写过程中,笔者参阅、引用了诸多学者的研究,在此一并向他们表示衷心的感谢!本书部分插图来源于网络,部分内容来自笔者的学术期刊和研究笔记,由于形成于日积月累、逐步修改,当时疏于著录,现在溯源甚难,以至于本书中部分被参考、引用的文献未能一一标出,在此,特向这些学者表示深深的歉意!

本书的完成得到了四川高等教育研究中心、成都农业科技职业学院的研究项目支持。贾玉铭教授对本书的设计、框架等给予了全程指导,叶少平教授对项目研究内容等给予了全力指导。在书稿写作过程中,还有许多专家、老师们给予了极大的帮助,他们在百忙之中抽身指导本书编写时存在的疑点和问题,每一次探讨,都让笔者茅塞顿开,也使笔者的撰稿方向更加明确。在这里,向所有专家、教授及老师们表示最诚挚的谢意!

　　本书力图全面系统地从美学视角论述现代农业实用性审美,但由于该研究刚刚起步,许多的理论与实践问题有待于进一步深入探讨,加之笔者的理论和实践水平有限,书中难免有疏漏和不尽如人意之处。本书的研究意在抛砖引玉,错漏、不足之处,敬请各位专家、学者和广大读者不吝赐教。

欧　俊<br>
于四川成都<br>
2020 年 10 月

## ·作者简介·

**欧俊**

　　成都农业科技职业学院副教授,四川省现代农业"10+3"体系科技特派员,全球职业规划师、KAB 讲师、国家二级职业指导师,现任现代农业美学研究中心主任。长期从事现代农业美学、农业技术推广、科技管理等相关工作与研究,主持完成了《现代农业实用审美》及相关研究,公开发表学术论文 10 篇,主持省级、市级科研项目 6 项,获得四川省科技进步奖 1 项。

# 目　　录

前　言
第一章　现代农业概述 ················································· 1
　　第一节　现代农业及其相关概念 ································· 1
　　第二节　现代农业的范畴与类别 ································ 12
　　第三节　现代农业的发展趋势 ···································· 14
第二章　实用审美概述 ················································ 22
　　第一节　美学与审美 ·················································· 22
　　第二节　审美素养和能力 ··········································· 37
　　第三节　农业审美的内涵 ··········································· 42
第三章　现代农业审美概述 ········································· 51
　　第一节　现代农业审美的特征 ···································· 51
　　第二节　现代农业审美的基本规律 ····························· 59
　　第三节　现代农业审美的方法及形式法则 ················· 64
第四章　现代农业生产审美 ········································· 66
　　第一节　现代农业生产中的美 ···································· 66
　　第二节　现代农业生产农具审美 ································ 70
　　第三节　现代农业生产品质审美 ································ 75
第五章　现代农业景观审美 ········································· 83
　　第一节　现代农业景观的审美系统 ····························· 83
　　第二节　现代农业景观的审美载体 ····························· 88
　　第三节　现代农业景观的审美感受 ····························· 93
第六章　现代农业生态产品审美 ································ 107
　　第一节　瓜、果、菜、蔬审美 ································· 107

  第二节 牛、马、羊、猪审美 ················································· 121
  第三节 鱼、虾、蟹、贝审美 ················································· 139

## 第七章 现代农业生态旅游审美 ················································· 156
  第一节 生态旅游概述 ························································· 156
  第二节 生态旅游资源的美学特征 ········································· 161
  第三节 农村生态旅游审美考察 ············································ 164

## 第八章 现代农业真、善、美——以成都市郫都区唐昌镇战旗村为例 ······· 168
  第一节 地域农业发展路线 ···················································· 168
  第二节 郫都区农业发展策略 ················································ 169
  第三节 郫都区特色农业产业 ················································ 171
  第四节 美丽战旗村 ····························································· 174
  第四节 对战旗村未来的展望 ················································ 177

## 参考文献 ······················································································ 178

# 第一章

# 现代农业概述 >>>

## 第一节 现代农业及其相关概念

在讲现代农业之前,首先要了解:什么是农业?农业在国民经济中有什么作用?农业的发展是怎么样一个过程呢?农业发展到今天,为什么会呈现出多姿多彩的样貌呢?它的发展趋势如何?

### 一、农 业

#### (一)定 义

农业是人类利用自然环境条件,依靠生物的生理活动机能,通过人类劳动来强化或控制生物体的生命活动过程,以取得所需要的物质产品的社会生产部门。

农业生产的实质就是绿色植物利用二氧化碳和水,通过光合作用合成有机物,把太阳能转化为化学能贮存在有机物中。

#### (二)农业的特点与性质

从农业生产过程可以看出,农业生产是三类基本因素共同作用的过程:一是生物有机体,包括植物、动物和微生物;二是自然环境,如土、水、光、热等;三是人类借助劳动手段进行的社会生产劳动。这三类因素相互联系,相互作用,使农业生产具有了自然再生产与经济再生产相交织的根本特点。自然再生产通过生物自身的代谢活动而实现,是农业再生产的自然基础。经济再生产是人类遵循自然规律,以生物体自身的代谢活动为基础,根据人类的需要,通过劳动对自然再生产进行作用与指导的过程。

因农业生产中的自然再生产和经济再生产相互交织,且密不可分,由此而派生出农业不同于工业和其他物质生产部门的若干具体特点。

1. 土地是农业中最基本的不可替代的生产资料

农业生产利用各种自然力的基础是土地,农业生产分布在广阔的土地上,人类的农业活动也主要通过土地而对动植物发生作用。然而土地又具有自身的自然特性和经济特性,如土地数量的有限性、位置的固定性、用途的选择性、肥力的可变性、效用的持续性、质量的差异性、收益的级差性等,这就使农业生产产生了土地集约经营、合理布局等一系列特有的经济问题。

2. 农产品是人们最基本的生活资料

随着人类社会的不断进步和经济、科技水平的不断提高,人们的生活消费水平也在不断地提高,人们的衣、食、住、行都会发生一系列深刻的变化,现代工业物质文明和加工制成品不断进入人们的生活消费领域。但是,无论怎样变化,粮、棉、油、肉、蛋、奶、果、茶、菜等这些最基本的农产品,仍然需要农业来提供。它们不仅是人们生活必需的,也是不可缺少的,而且还要求数量上有所增加,结构和质量上不断改进,否则,就会危及人类的生存和发展。

3. 农业生产具有周期性和季节性特点

农业生产的主要劳动对象是有生命的动植物,要在一定的土地空间或水域空间利用空气、阳光、水等自然力来培育,因此,农业生产本身要受到时间和空间的制约,呈现出长期性、季节性及地域性特点。一般来说,农业生产是以一年为单位周期的,畜牧、林果等生产周期则更长。同时,由于作物种类的多样性和生产环节的固定性,农业生产要按照自然的季节顺序和固定的期限来合理安排,于是导致农业生产时间较长,农民的有效劳动时间无法集中(鲁可荣 等,2011)。

4. 农业生产具有空间上的分散性和地域性

由于农业生产活动主要在土地上进行,而土地的位置是固定的,这就决定了农业生产只能在广阔的土地上分散进行。同时,农业生产中植物的生长发育主要依靠光合作用而获得自然界的物质能量来完成,这就有一个植物叶面的采光面积问题,生产中植物种植越分散,采光面积越大,则从外界获得的物质能量越多。此外,农业生产要受到气候环境和地理条件的影响,不同的地域环境和气候条件下,其生产周期、生产季节和生产结构不尽相同,呈现出明显的地域特点。

5. 农业生产时间和劳动时间不一致

农业生产时间是指农业自然生产全过程所需要的时间,这一时间要受到生物生命活动规律与周期的约束,要受到自然资源环境条件的制约,一般生产周期长,则生产时间持久。农业劳动时间是指人们根据农业自然再生产过程中动植物生长发育的实际需要而投入劳动的时间,一般具有间断性和季节性的特点,这也使得农业生产时间和劳动时间产生了非一致性,即在动植物漫长而持续的生长发育过程中,有时人们不劳动而动植物的生命活动过程照样在进行。由于农业生产时间和劳动时间不一致,使得农业劳动力和生产资料的使用具有了季节性,农产品的获得具有了间断性,农业资金的收支具有了阶段性的不平衡性。

6. 农业生产具有自然和市场的双重风险

由于农业生产大多在自然环境中进行,而自然环境中的诸多因素具有不可控性,使得农业生产的自然风险特别大。同时,农业生产的周期长,按季节播种、按季节收获的规律难以改变,使得农产品供给的弹性很小,难以根据市场变化调整生产结构和改变生产规模,加之农产品的生物学特性,对加工、贮藏、运输、销售要求较高,使得农业生产经营具有较大的市场风险。

7. 农业生产的成果要在最终产品中体现出来

农业生产是人与自然结合的事业,其整个生产中有多种自然因素和社会经济因素联合发挥作用,共同促使生产过程的完结,农业生产的成果要在最终产品中才能体现出来。这就产生了两个问题:一方面,生产过程中各种生产要素投入的效果很难测定,例如生产丰收,是品种作用、肥料作用、自然界风调雨顺的气候作用,还是人类精耕细作的劳动作用,这很难分清;另一方面,人类的等量劳动投入在农业生产中难以得到等量效果,使农业生产成果的分配不能完全按照生产要素投入进行计量分配,农业生产的经营管理更为复杂。

(三)农业在国民经济中的地位与作用

古人云:"无农不稳,无商不富。"可见农业是国民经济的基础。中华人民共和国成立以来,我国历届领导人一直关心、倡导并大力发展农业生产。1957年1月的省、自治区、直辖市党委书记会议指出,全党一定要重视农业,农业关系国计民生。农业的发展关系到全国人口的吃饭问题,关系到社会的稳定;农业是轻工业原料、出口物资和积累的重要来源,关系到工业的发展;农业关系到国防的巩固。农业、农村和农民问题,始终是中国革命和建设的根本问题。在社会主义现代化建设中,始终高度重视农业,把农业放在国民经济的首位。1993年的中央农村工作会议号召:全党同志要认真学习关于农业问题的重要论述,总结我国农业发展的历史经验,更加牢固地确立农业是基础的指导思想。在我国,农业仍是人们衣食之源,仍是工业发展原料之地,农村仍是工业品消费市场,农业仍是国家税收的重要来源等。尽管工商业有相当大发展,农业基础地位没有削弱,反而得到加强。

1. 农业是国民经济其他部门赖以独立的基础

食物是人类最基本的生活资料,而食物是由农业生产的。因此,无论是过去还是可以预见的未来,农业都是人类的衣食之源和生存之本。同时,农业是社会分工的基础,也是国民经济其他部门成为独立的生产部门并进一步发展的基础。只有食物的直接生产者为社会提供的剩余产品相当多时,其他经济部门才有可能独立出来,其他经济部门的生产者才能安心地从事其他经济活动。没有农业,人类就失去了生存和发展的基础,没有农业的发展便没有社会分工,也没有国民经济其他部门的独立。

2. 农业的发展是国民经济其他部门进一步发展的基础

农业生产力发展的水平和农业劳动生产率的高低,决定了农业为其他部门提供剩余产品和农业劳动力的数量,进而制约着这些部门的发展规模和速度。只有农业发展了,国民经济其他部门才能得以进一步发展。

1949年以来,我国农业不仅为工业提供原料,还为工业生产的发展提供了资本原始积累,达6000亿~7000亿元。进入21世纪后,随着我国经济的快速发展,工业反哺农业,自2006年1月1日起,我国完全取消了"农业四税"(农业税、屠宰税、牧业税、农林特产税),延续数千年的农业税终于走进了历史博物馆。这是一个历史的分水岭,从此,我国农民彻底告别"皇粮国税"。2007年,对农民以种地面积为参数进行补贴,2013年农业部网站公布了"2013年国家支持粮食增产农民增收的政策措施",38项政策包括农民直接补贴、农机补贴、农资补贴等,涉及国家支持农业的方方面面。国务院研究发展中心研究员程国强表示:"我国对农民直接补贴逐步成为支持农业的重要方式。"

3. "农业是国民经济的基础"是对各国普遍发挥作用的经济规律

在世界各国经济发展的进程中,一个普遍的规律是农业产值和劳动力占国民经济的比例逐渐下降。由于经济发展的基础、资源环境条件和经济制度不同,其下降的速度和比例大小也不尽相同。但是,无论是农业比例大的国家,还是农业比例小的国家,这一规律都要起作用。一些国家如果本国农业的发展规模和水平不能满足国家经济发展的需要,则必然依靠其他国家,其经济的发展必将受到其他国家和世界农业的影响。

4. "农业是国民经济的基础"是长期发挥作用的规律

农业在利用自然力、转化太阳能方面的不可替代性以及农业所生产的产品在使用价值方面的特殊性表明,不仅过去和现在农业是国民经济的基础,在科学技术高度发达的将来,农业仍然是国民经济的基础。

(四)农业的贡献和多功能性

1. 农业发展的贡献

农业对国民经济发展的贡献主要体现在产品、要素、市场和外汇贡献四方面。

(1)产品贡献。食品是人们生活中最基本的必需品,非农产业部门的食品消费主要来源于农业部门。只有农业生产者生产的食品超过维持自身生存需要而有剩余的时候,国民经济中的其他部门才能得以发展。从理论上说,国内食品生产不足可以通过进口来加以解决,但实际上大量地进口食品将会受到政治、社会和经济等多种因素的制约,食品的供给完全依赖国际市场具有较大的风险或者要求国家具备更为良好的政治与经济条件。

"民以食为天。"粮食生产不仅是人均消费粮食的基础,同时也是肉类生产的基础及其他工商业活动和消费品生产的基础,没有这个基础,其他一切都谈不上。有资料表明,我国在汉代的人均粮食占有量为350.5千克,在盛唐时期达到了628千克,北宋为666.5千克,明朝末期为870.5千克,清初为852.5千克,到了晚清民国时期人均粮食占有量大幅度下降,只有350千克,与汉代持平。可以看出,我国人均粮食占有量自汉代以来,一直是在上升的,直到清代才开始下降,到晚清民国下降到最低点。

近年来,我国粮食面积稳定在17.4亿亩①以上,高标准农田已建成7亿多亩,农田有效灌溉面积超过10亿亩,2019年粮食产量达到13277亿斤②,创历史最高水平,连续5年稳定在1.3万亿斤以上。人均粮食占有量470千克,远远高于人均400千克的国际粮食安全标准线,粮食安全形势处在历史上最好时期。

(2)要素贡献。农业对国民经济发展的要素贡献,是指农业部门的生产要素转移到非农产业部门,从而推动非农产业部门的发展。农业部门所提供的生产要素有土地、劳动力和资本。农业劳动生产率提高以后,农产品出现了剩余,使得农业劳动力能够向非农产业转移,从而为非农产业的发展提供最基本的土地生产要素。

随着经济的发展、农业劳动生产率的提高,农业劳动力相对充足,甚至出现了剩余,这就为其他非农产业部门的发展创造了最基本的生产条件,农业成为其他非农产业部门劳动力资源的重要来源。

---

① 1亩=1/15公顷,下同。
② 1斤=500克=0.5千克,下同。

在经济发展的初始阶段,农业是最主要的物质生产部门,社会资本的积累主要靠农业,工业等其他新生产业部门起点低、基础薄弱,还无资本积累能力。此时,农业不仅要为自身的发展积累资金,而且还要为工业等其他新生产业部门积累资金,农业为国家工业化和新生产业的资本原始积累做出了重要的贡献。

(3)市场贡献。农业对国民经济的市场贡献主要体现在两个方面:一方面,农业要为市场提供各种农产品,以满足社会对农产品的日益增长的需要,农产品市场供给充足,流通量增加,不仅有利于社会消费成本的降低,而且还可以促进市场体系的完善;另一方面,农业还是工业品的购买者,如农业生产中所需要的化肥、农药、农膜、机械、电力、能源等由工业生产的农业投入品,都要通过市场来购买,农村是工业品的基本市场。随着现代农业的发展和农民生活水平的提高,农村对农用工业品和工业生产的生活资料的需求将日益增加,这就为工业提供了日益广阔的市场。

(4)外汇贡献。农业的外汇贡献是指通过出口农产品,为国家赚取外汇。在经济发展初期的发展中国家,农业的外汇贡献十分重要。此时,由于工业基础薄弱,科学技术落后,工业品不具有国际竞争力,难以出口创汇,而国家工业化的推进,又需要从发达国家进口先进的技术、机械设备和原材料。因此,具有比较优势的农业部门通过大量出口农产品创汇,为国民经济直接做出外汇贡献。

2. 农业的多功能性

农业的多功能性是指农业除了具有提供食物和纤维等多种商品的功能外,还具有其他经济、社会和环境等方面的非商品产出功能,这些功能所产生的有形结果和无形结果的价值,无法通过市场交易和产品价格来体现。

(1)社会稳定功能。首先,农业是社会稳定的基本前提。农业的稳定发展可为社会提供充足的农产品,以满足人民对最基本的生活必需品的要求,可以使人民生活安定、安居乐业。其次,一个国家的自立自强,在很大程度上取决于农业的发展。如果一个国家的主要农产品不能保持基本自给,过多地依赖进口,不仅会给世界农产品市场带来压力,而且也很难立足于世界各国之林,一旦国际形势发生变化,过多地受制于人就会在政治上处于被动地位,甚至危及国家安全。最后,社会稳定在于农村,农村稳定在于农业。尤其是我国这样的农村人口比重大的国家,农业由于具有地域性分布的特点,不仅为广大农民提供了谋生的手段和就业的机会,而且为他们提供了生活与社交的基本条件及场所,保证了社会的稳定。

(2)生态环境功能。农业生产活动与自然生态环境密不可分,良好的自然生态环境有利于动植物的生长发育,可以使农业生产免遭自然灾害破坏;反过来,在农业生产活动中,人类如果科学合理地利用自然资源进行农业生产经营,那么农业不仅可以为自身的发展创造一个良好的生态环境,而且还可以为人类社会营造一个良好的生态环境。

(3)文化传承功能。由于农业生产活动和农村生活紧密结合,与城市相比具有相对的独立性和封闭性,因而农业对形成和保持特定的传统文化,维护文化的多样性、地域性、民族性具有重要作用和特殊功能,具有传承传统文化的功能。

总之,农业对人类的文明发展起到了重要作用,人们的衣食住行都需要农业,农业为我国工业的发展完成了资本原始积累。随着工业对农业的反哺,农业正在快速发展。

## 二、传统农业

### (一)定　义

传统农业是在自然经济条件下,采用人力、畜力、手工工具、铁器等为主的手工劳动方式,靠世代积累下来的传统经验发展,以自给自足的自然经济居主导地位的农业。传统农业是一种生计农业,农产品有限,家庭成员参加生产劳动并进行家庭内部分工,农业生产多靠经验积累,生产方式较为稳定。传统农业生产水平低、剩余少、积累慢,产量受自然环境条件影响大。在不同学科领域中,传统农业有着不同的分类方式。人文地理学中的传统农业类型有旱作农业、水稻农业、地中海农业、游牧业。

### (二)基本特征

传统农业的基本特征是:金属农具和木制农具代替了原始的石器农具,铁犁、铁锄、铁耙、耧车、风车、水车、石磨等得到广泛使用;畜力成为生产的主要动力;一整套农业技术措施逐步形成,如选育良种、积肥施肥、兴修水利、防治病虫害、改良土壤、改革农具、利用能源、实行轮作制等。传统农业在欧洲是从古希腊、古罗马的奴隶制社会(约公元前5世纪—5世纪)开始,直至20世纪初逐步转变为现代农业为止。其特征概括来讲就是:

(1)技术状况长期保持不变。

(2)农民对生产要素的需求长期不变。

(3)传统生产要素的需求和供给处于长期均衡状态。

### (三)发展改进

传统农业是由粗放经营逐步转向精耕细作,由完全放牧转向舍饲或放牧与舍饲相结合,利用、改造自然的能力和生产力水平等均较原始农业大有提高。传统农业的特点是精耕细作,农业部门结构较单一,生产规模较小,经营管理和生产技术仍较落后,抗御自然灾害能力差,农业生态系统功效低,商品经济较薄弱,基本上没有形成生产地域分工。传统农业从奴隶社会起,经封建社会一直到资本主义社会初期,甚至现在仍广泛存在于世界上许多经济不发达国家。我国是一个历史悠久的农业古国,历来注重精耕细作,大量施用有机肥,兴修农田水利发展灌溉,实行轮作、复种、种植豆科作物等绿肥以及农牧结合等。在发展现代农业的同时,仍须保持和发扬我国传统农业特点,逐步走"生态农业"和"现代农业"道路,建设优质、高产、低耗的农业生态系统,提高农业生产水平。

我国传统农业延续的时间十分长久,大约在战国、秦汉之际已逐渐形成一套以精耕细作为特点的传统农业技术。在其发展过程中,尽管生产工具和生产技术有很大的改进和提高,但就其主要特征而言,没有根本性质的变化。我国传统农业技术的精华对世界农业的发展有过积极的影响。重视、继承和发扬传统农业技术,使之与现代农业技术合理地结合,对加速发展农业生产、建设现代农业具有十分重要的意义。

## 三、现代农业

### (一)定 义

何谓现代农业？国家科学技术委员会发布的我国农业科学技术政策将现代农业的内涵分为三个领域来表述：产前领域，包括农业机械、化肥、水利、农药、地膜等领域；产中领域，包括种植业(含种子产业)、林业、畜牧业(含饲料生产)和水产业等；产后领域，包括农产品产后加工、贮藏、运输、营销及进出口贸易技术等。

从上述界定可以看出，现代农业不再局限于传统的种植业、养殖业等农业部门，而是包括了生产资料工业、食品加工业等第二产业和交通运输、技术和信息服务等第三产业的内容，原有的第一产业扩大到第二产业和第三产业。现代农业成为一个与发展农业相关、为发展农业服务的产业群体。这个围绕着农业生产而形成的庞大的产业群，在市场机制的作用下，与农业生产形成稳定的相互依赖、相互促进的利益共同体。

现代农业是相对于传统农业而言，是广泛应用现代科学技术、现代工业提供的生产资料和科学管理方法进行的规模化、集约化、市场化和农场化的生产活动。现代农业是以市场经济为导向，以利益机制为联结，以企业发展为龙头的农业，是实行企业化管理，产销一体化经营的农业。在按农业生产力性质和水平划分的农业发展史上，属于农业的最新阶段，主要指第二次世界大战后经济发达国家和地区的农业。

现代农业又是物理技术和农业生产的有机结合，是利用具有生物效应的电、声、光、磁、热、核等物理因子操控动植物的生活环境及其生长发育，促使传统农业逐步摆脱对化学农药、化学肥料、抗生素等化学品的依赖以及自然环境的束缚，最终获取优质、高产、无毒农产品的环境调控型农业。物理农业的产业性质是由物理增产技术、物理植保技术所能拉动的机械电子建材等产业以及它所能为社会提供安全食品的源头农产品两个方面决定的。物理农业属于高投入高产出的设施型、设备型、工艺型的农业产业，是一个新的生产技术体系。它要求设备、技术、动植物三者高度相关，并以生物物理因子为操控的对象，最大限度地提高产量，杜绝使用其他有害于人类的化学品。现代农业的核心是环境安全型农业，即环境安全型畜禽舍、环境安全型温室、环境安全型菇房。

### (二)现代农业的基本特征

(1)具备较高的综合生产率，包括较高的土地产出率和劳动生产率。农业是否成为一个有较高经济效益和市场竞争力的产业，这是衡量现代农业发展水平的最重要标志。

(2)成为可持续发展产业。农业发展本身是可持续的，而且具有良好的区域生态环境。现代农业广泛采用生态农业、有机农业、绿色农业等生产技术和生产模式，实现淡水、土地等农业资源的可持续利用，达到区域生态的良性循环，成为一个良好的可循环的生态系统。

(3)成为高度商业化的产业。农业主要为市场而生产，具有很高的商品率，通过市场机制来配置资源。商业化是以市场体系为基础的，现代农业要求建立非常完善的市场体系，包括农产品现代流通体系。离开了发达的市场体系，就不可能有真正的现代农业。在农业现代化水平较高的国家，农产品商品率一般都在90%以上，有的产业商品率可达到100%。

（4）实现农业生产物质条件的现代化。现代农业以比较完善的生产条件、基础设施和现代化的物质装备为基础，集约化、高效率地使用各种现代生产投入要素，包括水、电力、农膜、肥料、农药、良种、农业机械等物质投入和农业劳动力投入，从而达到提高农业生产率的目的。

（5）实现农业科学技术的现代化。现代农业广泛采用先进适用的农业科学技术、生物技术和生产模式，改善农产品的品质，降低生产成本，以适应市场对农产品需求优质化、多样化、标准化的发展趋势。现代农业的发展过程实质上是先进科学技术在农业领域广泛应用的过程，是用现代科技改造传统农业的过程。

（6）实现管理方式的现代化。现代农业广泛采用先进的经营方式、管理技术和管理手段，在农业生产的产前、产中、产后领域形成比较完整的紧密联系、有机衔接的产业链条，具有很高的组织化程度。有相对稳定、高效的农产品销售和加工转化渠道，有高效率的把分散的农民组织起来的组织体系，有高效率的现代农业管理体系。

（7）实现农民素质的现代化。具有较高素质的农业经营管理人才和劳动力，是建设现代农业的前提条件，也是现代农业的突出特征。

（8）实现生产的规模化、专业化、区域化。通过实现农业生产经营的规模化、专业化、区域化，降低公共成本和外部成本，提高农业的效益和竞争力。

（9）建立与现代农业相适应的政府宏观调控机制。建立完善的农业支持保护体系，包括法律体系和政策体系。

总之，现代农业的产生和发展大幅度地提高了农业劳动生产率、土地生产率和农产品商品率，使农业生产、农村面貌和农户行为发生了重大变化。

**（三）现代农业的发展基础及本质属性**

**1. 发展基础**

（1）一整套建立在现代自然科学基础上的农业科学技术的形成和推广，使农业生产技术由经验转向科学，如在植物学、动物学、遗传学、物理学、化学等学科发展的基础上，育种、栽培、饲养、土壤改良、植保、畜保等农业科学技术迅速提高，被广泛应用。

（2）现代机器体系的形成和农业机器的广泛应用，使农业由手工畜力农具生产转变为机器生产，如技术经济性能优良的拖拉机、耕耘机、联合收割机、农用汽车、农用飞机以及林、牧、渔业中的各种机器，成为农业的主要生产工具，使投入农业的能源显著增加；电子、原子能、激光、遥感技术以及人造卫星等也开始运用于农业；良好的、高效能的生态系统逐步形成。

（3）农业生产的社会化程度有很大提高，如农业企业规模的扩大，农业生产的地区分工、企业分工日益发达，"小而全"的自给自足农业生产被高度专业化、商品化的生产所代替，农业生产过程同加工、销售以及生产资料的制造和供应紧密结合，产生了农工商一体化。

（4）现代农业的管理技术和手段日臻完善且与时俱进。经济数学方法、电子计算机等现代科学技术在现代农业企业管理和宏观管理中的运用越来越广，管理方法显著改进。

(5)现代农业的商品率很高。随着我国经济的发展,农村青壮年进城务工,粮食作物如小麦、玉米通过联合收割机收获后就直接卖给面粉加工厂或饲料生产厂家,甚至这些粮食作物的收购者就在田间地头等候,农民吃的面粉也直接到超市购买。

(6)现代农业的生态系统开放程度高。农业生产中使用的种子、化肥、农药、除草剂等物质投入全在市场上购买,目前,我国农业生产中大多数作物的种子主要靠购买,如玉米种子良种化率达到了100%,小麦、水稻、花生等良种化率也超过90%。因此,现代农业和原来的自给自足的传统农业相比,开放程度相当高。

2. 本质属性

现代农业是一个动态的和历史的概念,它不是一个抽象的东西,而是一个具体的事物,它是农业发展史上的一个重要阶段。从发达国家的传统农业向现代农业转变的过程看,实现农业现代化的过程包括两方面的主要内容:一是农业生产的物质条件和技术的现代化,利用先进的科学技术和生产要素装备农业,实现农业生产机械化、电气化、信息化、生物化和化学化;二是农业组织管理的现代化,实现农业生产专业化、社会化、区域化和企业化。

现代农业是广泛应用现代科学技术、现代工业提供的生产资料和科学管理方法的社会化农业。在按农业生产力的性质和状况划分的农业发展史上,是最新发展阶段的农业,主要指第二次世界大战后经济发达国家和地区的农业。其基本特征是:广泛应用技术经济性能优良的现代农业机器体系,机械作业基本上替代了人畜力作业。

农业机械化、化学化、水利化以及良种化的应用,使农业的面貌发生了巨大的变化。首先由于农业机械化替代了人畜力,劳动生产率大大地提高了。原来在河南省小麦收获季节,需要15~20天来收割,现在由于联合收割机的推广应用,全省小麦收获从南到北也就7~10天,不但减轻了劳动强度,而且提高了劳动生产率。化肥、农药和除草剂的使用,减少了人工的投入;施肥、良种和灌溉技术的结合,促进农作物单产水平不断提高,也成就了河南省小麦"十一连增"和我国粮食总产的"十连增",世界农产品从短缺转变为剩余。至此,现代农业的工业化农业阶段已确立,并进入鼎盛时期。

### 四、传统农业与现代农业的区别

1. 传统农业与现代农业的经营目标不同

传统农业生产技术落后,生产效率低下,农民抵御自然灾害的能力非常有限,农业生产受自然环境的影响较大,"靠天吃饭"的现象比较普遍。为了预防自然灾害给人们的生存带来威胁,农民尽量地多生产、多储备粮食以备不测,即以产量最大化为其生产目标,而增产的主要手段就是加大劳动的投入。而现代农业的经营目标是追求利润的最大化,即以一定的投入获取最大限度的利润。因为现代农业像现代企业一样,雇主要向被雇佣者支付工资,只有劳动的边际收益大于工资时,雇主才有利可图,才会增加劳动投入。所以,传统农业要过渡到现代农业,就必须将农业生产的目标由满足自给性消费的产量最大化转变为商品性生产的利润最大化。而完成这一转变的首要条件是农业劳动力比重的下降和农业人口压力的缓解,在巨大的农业人口压力下,农业生产目标由传统到现代化的转变是不可能实现的。

### 2. 传统农业与现代农业的技术含量不同

农业领域的技术进步是通过凝结着先进技术的现代农业要素的不断投入来实现的。传统农业要素是从农业部门内部和大自然中获取的，技术含量低，且长期处于停滞状态，国家对农业的投入较少，农业生产所需的劳动力数量较多。在这种人地矛盾十分突出的状态下，农业机械的使用反而会进一步加剧这种矛盾。所以，在传统农业社会中，农业机械的应用和推广往往受到抑制。而现代农业是用现代科学技术武装起来的农业，其要素大都是由农业部门外部的现代化工业部门和服务部门提供的。现代农业要素投入的增长和农业中现代科学技术含量的提高就意味着农业部门劳动力容量的减少，所以，农业现代化与工业化和农业人口的战略转移是密不可分的。

### 3. 传统农业与现代农业的经营规模不同

现代农业的明显标志之一就是它的规模效益，这是因为：

第一，现代农业是经营者追求利润最大化的农业。这一目标在小规模或超小规模的以满足自给性消费为目的的传统农业基础上是不可能实现的，而必须在较大的经营规模上，农民摆脱生产者的生存压力，把利润最大化作为自己追求目标的情况下才能实现。

第二，现代农业是高收入的农业。纵观世界发达国家，农民都是比较富裕的阶层，收入很高，而这种高收入必须建立在较大的农业经营规模之上。

第三，现代农业是农产品高商品率的农业。衡量一个国家农业的发展水平，关键看它农产品商品率的高低，而农产品的商品率必然与较大的农业经营规模相联系。

第四，现代农业是高技术农业。传统农业主要是利用人力和畜力，而现代农业是利用现代机械技术、现代生物化学技术和现代管理技术武装起来的农业。特别是大型农业机械的应用必须要有较大规模的作业空间，因而也需要较大的农场规模。

## 五、巨变的"三农"

2016年1月27日，《中共中央、国务院关于落实发展新理念加快农业现代化实现全面小康目标的若干意见》发布。

"三农"是指农村、农业和农民。所谓"三农"问题，就是指农业、农村、农民这三个问题。研究"三农"问题的目的是要实现农民增收、农业发展、农村稳定。实际上，这是一个居住地域、从事行业和主体身份三位一体的问题，但三者侧重点不一，必须一体化地考虑，这关系到国民素质、经济发展，关系到社会稳定、国家富强、民族复兴。

应对农业发展问题，不仅要着眼于"三农"本身，更应注重在"三农"之外即各自对立面采取对策。农业易相发展理论对于化解"三农"问题的意义在于对立统一、相互转化的三个方面：农业产业化经营、农业新型化、功能多元化及人本化；农村城镇化及社区化、均等化、农场化；农民新型非农化、职业化。

我国是一个农业大国，农村人口接近9亿，占全国人口的70%；农业人口达7亿人，占产业总人口的50.1%。"三农"问题的解决必须考虑农业自身的体系化发展，还必须考虑三大产业之间的协调发展。"三农"问题的解决关系重大，不仅是农民兄弟的期盼，也是目前党和政府的大事。

解决"三农"问题关系国民经济全局,要把发展农业和农村经济、增加农民收入作为经济工作的重中之重。虽然解决"三农"问题的许多措施都与资金的投入密切相关,但是近几年来金融体制改革所存在的问题在相当程度上削弱了对农村经济的支持,对县域经济,特别是对农村经济的信贷投入相对不足。农业产业本身的体制问题也影响金融资本向其流动,不利于农村经济的发展。

党的十六大以来,中央财政以科学发展观为指导,认真贯彻落实党中央、国务院决策部署,积极调整支出结构,不断加大投入力度,为赢得"三农"发展黄金期做出了重要贡献。2003—2012年,中央财政"三农"投入累计超过6万亿元(2012年数据为年初预算数,下同)。在总量上,中央财政"三农"投入从2144亿元增加到12286.6亿元,翻了两番还多;在速度上,中央财政"三农"投入年均增长21%,高于同期财政支出年均增长4.5个百分点;在比重上,中央财政"三农"投入占财政支出的比重从13.7%提高到19.2%,达到将近五分之一。从千亿到万亿,数量级跨越的背后,是中央财政"三农"投入稳定增长保障机制的逐步形成与完善。

2015年在我国"三农"发展史上留下浓墨重彩的一笔。一连串亮眼的数字背后,映射出我国农业"千年未有之变"。

巨变之一:摆脱"粮食生产周期之困"。

国家统计局公布的数据显示,2015年全国粮食总产量达62143.5万吨,比2014年增长2.4%。这是自2004年以来,全国粮食连续第十二年获得丰收。

"十二连丰",说明我国农业生产能力和水平有了根本性提高,彻底摆脱了以往"二丰一平一歉"的粮食生产周期,堪称"千年之变"。

巨变之二:"南粮北运"格局逆转为"北粮南运"。

东北地区曾是历史上的关外"不毛之地",如今已演变为我国粮食的最主要产区。目前,东北四省区(黑龙江、吉林、辽宁、内蒙古)秋粮产量约占全国的三分之一。

"北大仓"黑龙江,自2011年起连续四年成为我国产粮"状元",年粮食总产量占全国十强之一。这也使得我国几千年来"南粮北运"格局逆转为"北粮南运"。

史书记载,明朝京杭大运河从南向北运粮的漕船达9000多艘,清朝每年从南方征收北运的漕粮多达400万石(约20万吨)。如今,在黑龙江、吉林、内蒙古、安徽、江西等全国5个粮食调出省(区)中,东北地区就占了3个。

巨变之三:从"牛耕马犁"到"机声隆隆"。

"牛耕马犁"是我国数千年来传统农业的真实写照,如今已经难觅踪迹。在广袤的农田里,"高大威猛"的农业机械大显身手。

目前,我国小麦生产基本实现全过程机械化,水稻机械种植、收获水平分别从十年前的6%、27%,提高到现在的38%、81%,玉米机收水平从2%提高到55%。

根据国际发展经验,当农机化水平达到40%时,农机化就进入快速发展时期。2015年全国农作物耕种收综合机械化水平超过62%,2019年农业农村部加快推进农机化转型升级工作,全国农作物耕种收综合机械化率超过70%,提前一年实现"十三五"目标,小麦、水稻、玉米三大粮食作物生产基本实现机械化,我国农业正在快速追赶世界先进水平。

巨变之四：从滥施滥用到化肥农药零增长。

我国已经启动实施化肥农药使用量零增长行动，这意味着我国农业将努力告别以往"大水大肥"的粗放式增长模式，更加注重质量和效益，也为农业面源污染防治打下坚实基础。

从化肥农药的利用率看，2015年我国水稻、玉米和小麦三大粮食作物的化肥利用率为35.2%，比2013年提高2.2个百分点；农药利用率为36.6%，比2013年提高1.6个百分点。化肥利用率提高2.2个百分点，相当于减少氮排放47.8万吨、节省100万吨燃煤。

巨变之五：农民人均纯收入有望破万元大关。

农民要小康，关键看"钱袋子"鼓不鼓。"十二五"以来，我国农民人均纯收入年均增长10.1%，2014年达到9892元，2015年更是突破万元大关。从"十三五"直观的数据来看，2019年中国农民人均可支配收入已经突破了1.6万元，比2010年翻一番。从增速上来看，中国农民的收入增长速度连续10年高于城镇居民，城乡居民收入差距持续缩小，由2015年的2.73∶1缩小到2019年的2.64∶1。农民生活水平变化，从农村居民家庭恩格尔系数就可看出端倪。2010年，农村居民家庭恩格尔系数为41.1%，2013年下降至37.7%；2018年我国农村居民消费的恩格尔系数为30.1%，比1954年下降了38.5%。

巨变之六：农业电子商务时代到来。

社员网是契合国家"三农"发展战略和要求、基于现代信息技术基础上的全面服务农业大户的农业互联网生态平台。依托手机APP社员汇，连接国内优质农庄和消费者，从源头保证农产品质量安全，让绿色农产品一键到餐桌。

## 第二节　现代农业的范畴与类别

### 一、现代农业的范畴

按生产对象分类，农业通常分为种植业、畜牧业、林业、渔业、副业。按投入多少分类，农业可分为粗放农业和密集农业。按产品用途分类，农业可分为自给农业和商品农业。根据生产力的性质和状况分类，农业可分为原始农业、古代农业、近代农业和现代农业。

现代农业产业按体系分为以下几类：

一是农产品产业体系。包括粮食、棉花、油料、畜牧、水产、蔬菜、水果等各个产业，以确保国家粮食安全和主要农产品供给。

二是多功能产业体系。包括与生态保护、休闲观光、文化传承、生物能源等密切相关的循环农业、特色产业、生物能源产业、乡村旅游业和农村二、三产业等，以充分发挥农业多种功能，增进经济社会效益。

三是现代农业支撑产业体系。包括农业科技、社会化服务、农产品加工、市场流通、信息咨询等为农服务的相关产业，以提升农业现代化水平，提高农业抗风险能力、国际竞争能力、可持续发展能力。

## 二、现代农业的类别

现代农业的类别大体可归纳为以下十类：

**1. 绿色农业**

绿色农业是指充分运用先进科学技术、先进工业装备和先进管理理念，以促进农产品安全、生态安全、资源安全和提高农业综合经济效益的协调统一为目标，以倡导农产品标准化为手段，推动人类社会和经济全面、协调、可持续发展的农业发展模式。绿色农业不是传统农业的回归，也不是对生态农业、有机农业、自然农业等各种类型农业的否定，而是避免各类农业的种种弊端，取长补短，是内涵丰富的一种新型农业。

**2. 物理农业**

物理农业是物理技术和农业生产的有机结合，是利用具有生物效应的电、磁、声、光、热、核等物理因子操控动植物的生长发育及其生活环境，促使传统农业逐步摆脱对化学肥料、化学农药、抗生素等化学品的依赖以及自然环境的束缚，最终获取高产、优质、无毒农产品的环境调控型农业。物理农业的产业性质是由物理植保技术、物理增产技术所能拉动的机械电子建材等产业以及它所能为社会提供安全食品的源头农产品两个方面决定的。物理农业属于高投入高产出的设备型、设施型、工艺型的农业产业，是一个新的生产技术体系。它要求技术、设备、动植物三者高度相关，并以生物物理因子作为操控对象，最大限度地提高产量，杜绝使用农药和其他有害于人类的化学品。物理农业的核心是环境安全型农业，即环境安全型温室、环境安全型畜禽舍、环境安全型菇房。

**3. 休闲农业**

休闲农业是一种综合性的休闲农业区。游客不仅可以观光、采果、体验农作、了解农民生活、享受乡间情趣，而且可以住宿、度假、游乐。休闲农业的基本概念是利用农村的设备与空间、农业生产场地、农业自然环境、农业人文资源等，经过规划设计，发挥农业与农村的休闲旅游功能，提升旅游品质，并提高农民收入、促进农村发展的一种新型农业。

2015年全国休闲农业和乡村旅游业接待游客超过22亿人次，营业收入超过4400亿元，从业人员达790万人，其中农民从业人员630万人，带动550万户农民受益。

**4. 观光农业**

观光农业和休闲农业其实都是"舶来品"，意义相同，不过有人采用观光农业，有人采用休闲农业，英文名为"recreational agriculture"或"leisure agriculture"，与此相关的有观光休闲农业、体验农业、观赏农业、旅游生态农业，是一种以农业和农村、农业产业园为载体的新型生态旅游业。农民或企业利用当地有利的自然条件开辟活动场所，提供设施，招揽游客，以增加收入。旅游活动内容除了游览风景外，还有林间狩猎、水面垂钓、采摘果实等农事活动，有的国家以此作为农业综合发展的一项措施。

**5. 工厂化农业**

工厂化是设计农业的高级层次。它是综合运用现代高科技、新设备和管理方法而发展起来的一种全面机械化、自动化技术（资金）高度密集型生产，能够在人工创造的环境中进行全过程的连续作业，从而摆脱自然界的制约。

#### 6. 特色农业

特色农业就是将区域内独特的农业资源（地理、气候、资源、产业基础）转化为特色商品的现代农业。特色农业的"特色"在于其产品能够得到消费者的青睐和倾慕，在本地市场上具有不可替代的地位，在外地市场上具有绝对优势，在国际市场上具有相对优势甚至绝对优势。

#### 7. 立体农业

立体农业又称层状农业，着重于开发利用垂直空间资源的一种农业形式。立体农业的模式以立体农业定义为出发点，合理利用自然资源、生物资源和人类生产技能，实现由物种、层次、能量循环、物质转化和技术等要素组成的立体模式的优化。

#### 8. 订单农业

订单农业又称合同农业、契约农业，是20世纪90年代后出现的一种新型农业生产经营模式。所谓订单农业，是指农户根据其本身或其所在的乡村组织同农产品的购买者之间所签订的订单，组织安排农产品生产的一种农业产销模式。订单农业很好地适应了市场需要，避免了盲目生产。

#### 9. 都市农业

都市农业与城郊农业都是依托城市、服务城市、适应城市发展要求、纳入城市建设发展战略和发展规划的农业。但两者还是有不同点，城郊农业主要是为城市供应农副产品，以满足城市商品性消费需要为主，发展水平相对较低，位置居于城市周边地区。而都市农业是为满足城市多方面需求服务，尤以生产性、生活性、生态性功能为主，是多功能农业，发展水平较高，位置在大城市地区，可以环绕在市区周围的近郊，也可能镶嵌在市区内部。至于观光农业、休闲农业、旅游农业等，则都是都市农业的一些具体经营方式，不能说它们本身都是都市农业。根据经验分析，只有当城市人均GDP达到2000～3000美元的时候，才可能进入都市农业阶段。

#### 10. 数字农业

数字农业是指将遥感、地理信息系统、全球定位系统、计算机技术、通讯和网络技术、自动化技术等高新技术与地理学、农学、生态学、植物生理学、土壤学等基础学科有机地结合起来的农业类别。它可以实现在农业生产过程中对农作物、土壤从宏观到微观的实时监测，对农作物生长、发育状况、病虫害、水肥状况以及相应的环境信息进行定期获取，生成动态空间信息系统，对农业生产中的现象、过程进行模拟，达到合理利用农业资源、降低生产成本、改善生态环境、提高农作物产品和质量的目的。

不管现代农业如何发展，都要遵循农业基础地位不动摇的原则、产业协调原则、生态位原则、市场约束原则、环保原则、比较优势原则和科技导向原则，这些原则不能丢，否则我国现代农业发展就会失去方向。

## 第三节 现代农业的发展趋势

随着我国改革开放的不断深入，越来越多的农民进城务工，特别是"80后""90后"青壮年劳动力，而留守在农村的是妇女、儿童和老人。农民劳动力大量转移到城市的同时,农民经济收入的大增和科技的日新月异以及社会主义新农村的建设,加快了土地流转进程,这些因素的综合作用,促使我国现代农业格局和模式都发生了天翻地覆的变化:生产技术现代化、生产手段机械化、农业经济管理智能化,使得现代农业最有效地利用自然资源,特别是可更新资源,如阳光、降水等;生产效率最大化,从而提高农业经济效益;最有效地保护环境,促进农业低碳化;最大限度地市场化运作;最大可能地规模化生产;最大可能地运用现代高新技术,促进现代农业新趋势的发展。

**一、现代农业的发展趋势**

进入21世纪以来,党中央、国务院从经济社会发展全局和统筹城乡工农的角度出发,提出了建设现代农业的重大任务。农业现代化建设连续多年成为关键词。2018年2月4日,《中共中央、国务院关于实施乡村振兴战略的意见》公布,对实施乡村振兴战略进行了全面部署,指出:农业农村农民问题是关系国计民生的根本性问题,必须始终把解决好"三农"问题作为全党工作重中之重。要坚持农业农村优先发展,按照产业兴旺、生态宜居、乡风文明、治理有效、生活富裕的总要求,建立健全城乡融合发展体制机制和政策体系,加快推进农业农村现代化。

2012—2016年,我国粮食生产持续丰收、产能站上120000亿斤的新台阶,农业现代化水平大幅提升。2017年全国粮食总产量12358亿斤,比2016年增加33亿斤,增长0.3%。我国粮食生产再获丰收,属历史上第二高产年。

向现代农业转变是我国农业的大目标。在2015年8月份,国务院发文指出,以发展多种形式农业适度规模经营为核心,以构建现代农业经营体系、生产体系和产业体系为重点,着力转变农业经营方式、生产方式、资源利用方式和管理方式,推动农业发展由数量增长为主转到数量质量效益并重上来,由主要依靠物质要素投入转到依靠科技创新和提高劳动者素质上来,由依赖资源消耗的粗放经营转到可持续发展上来,走产出高效、产品安全、资源节约、环境友好的现代农业发展道路。

2016年10月17日,国务院发布《全国农业现代化规划(2016—2020年)》,这是指导未来我国农业发展的纲领性文件,明确了"十三五"农业现代化的目标,提出了要通过五年的努力,使全国农业现代化取得明显进展。2018年9月,中共中央、国务院印发了《乡村振兴战略规划(2018—2022年)》(简称《规划》),《规划》提出到2020年,乡村振兴的制度框架和政策体系基本形成,各地区各部门乡村振兴的思路举措得以确立,全面建成小康社会的目标如期实现;到2035年,乡村振兴取得决定性进展,农业农村现代化基本实现;到2050年,乡村全面振兴,农业强、农村美、农民富全面实现。

我国现代农业的发展目标是:力争到2020年,现代农业建设要取得突破性进展,基本形成技术装备先进、组织方式优化、产业体系完善、供给保障有力、综合效益明显的新格局,主要农产品优势区基本实现农业现代化。

到2030年,转变农业发展方式取得显著成效。产品优质安全,农业资源利用高效,产地生态环境良好,产业发展有机融合,农业质量和效益明显提升,竞争力显著增强。

党的十九大报告提出，要坚持农业农村优先发展，按照产业兴旺、生态宜居、乡风文明、治理有效、生活富裕的总要求，建立健全城乡融合发展体制机制和政策体系，加快推进农业农村现代化。

全国各地区不断实施乡村振兴战略，坚持规划引领，夯实产业基础，深化农村改革，整治农村人居环境。目前，现代农业呈以下趋势：

（一）由平面式向立体式发展

在农业生产中巧用各类作物的"空间差"和"时间差"，进行错落组合，综合搭配，构成多层次、多功能、多途径的高效生产系统。如华北平原"杨上粮下"种植模式（刘巽浩，2005）。

（二）由"自然式"向"车间式"发展

现在多数农业依赖自然条件，经常遭受自然灾害的袭击，受自然变化的干扰，农民"靠天吃饭"。未来农业生产多在"车间"中进行，用现代化设施来武装，如玻璃温室和日光温室、植物工厂、气候与灌溉自动测量装备等，在这些设施中进行无土栽培、组织培养等。现在已经有相当部分的农作物由田间移到温室，再由温室转移到具有自控功能的环境室，这样农业就可以全年播种、全年收获了。

（三）由"固定型"向"移动型"发展

在发达国家，出现了一种被称为移动农业的"手提箱和人行道农业"的农业经营方式，形成农民居住地与耕地相分离的格局。人分别在几个地方拥有土地，在耕作和收获季节往往都是一处干完活，提上手提箱再到另一处去干，以期最大限度地提高农具使用率并不误农时。"手提箱和人行道农业"基本上以栽培谷物类作物为主，因为谷物类作物一般不需要经常性的管理就能长得很好，再加上有便利的交通运输工具、优良的农业机械，这些都促成了"移动型"农业的发展。

（四）由"石油型"向"生态型"发展

根据生态系统内物质循环和各能量转化规律建立起来的一个复合型生产结构。如匈牙利最大的"生态农业工厂"是一座玻璃屋顶的庞大建筑物，其地上的作物郁郁葱葱，收获的产品被送进车间加工，其废渣转入饲料车间加工后再送到周围的牛栏、羊舍、猪圈和鸡棚，畜禽粪便则倾入沼气池。这家工厂的全部动力，都来自沼气和太阳能。它可为10万城镇人提供所需要的粮、禽、蛋、奶、菜。

（五）由粗放型向精细型发展

精细农业又叫数字农业或信息农业。精细农业就是指运用数字地球技术，包括各种分辨率的遥感、遥测技术、全球定位系统、计算机网络技术、地球信息技术等技术与农业生产活动和生产管理相结合的高新技术系统。近年来，精细农业的范围除了耕作业外，还包括精细园艺、精细养殖、精细加工、精细经营与管理，甚至包括农、林、牧、养、产、供、销等全部领域。

## （六）由农场式向公园式发展

农业将由单位经营第一产业向兼营第二产业和第三产业发展。农业将变为可供观光的公园,呈现出一派优美的自然风光,农产品布局美观合理,富有艺术观赏的价值,有人漫步其间,尽尝果品美味,趣在其中,心旷神怡,如旅游农业等。

## （七）由机械化向自动化发展

农业机械给农业注入了极大的活力,带来了巨大的效益,大大地节约了劳动力,促进了机械化进程,也促进了第二产业、第三产业的发展。随着计算机的发展和广泛应用,这些机械将要进一步发展为自动化。发达的农户中约有50%拥有个人电脑,美国已有10%的农场主使用计算机。今后将会有更多智能化机器人参与农业的管理。

## （八）由陆运式向空运式发展

所谓"空运农业"就是利用飞机将各种蔬菜、水果、花卉等从原产地源源不断地空运到大工业城市,满足市民的需要。如日本各地兴建了机场,在机场附近建起了"空运农业原地",集中栽种并将产品空运到大城市出售。目前,日本空运货物中有30%是蔬菜、水果、花卉等农产品,如小葱、芦笋、草莓、鲜蘑菇、西红柿、葡萄、枇杷、菊花、郁金香等。

## （九）由"化学化"向"生态化"发展

减少农药、植物生长调节剂等化学物质的使用,转变为依赖生物。依赖生物自身的性能进行调节,使农业生产处于良性生物循环的过程,使人与自然在遵循自然规律的前提下协调发展。

## （十）由单一型向综合型发展

在现代集约种植业中,种植作物比较单一,但生态农业和有机农业以及旅游农业的发展,使得单一的种植业向种植—养殖—沼气—加工等多位一体发展,发展旅游农业使得一、二、三产业相结合,农业逐渐从单一的种植业向多业综合发展,延长产业链条,不断提高农业综合效益。

## 二、现代农业发展的动力之源

前面已经总结了现代农业发展的十大趋势,我国现代农业有的已经完全转变过来了,有的还正在转变。那么促进我国现代农业转变的动力何在?

### （一）农业增效、农民增收的驱动力

众所周知,种植业效益比较低下,像农民原来人工耕种除草,一人一天也锄不到1/15公顷,假设能增产小麦或玉米50千克,按照当前市场价格,仅有100元左右的增值。而现在农民进城务工,同样干一天,工资也有100元以上,且当天就可以拿到工资,作物能否增收却还要看天气。农业生产中人工成本大量增加,导致种植效益低下、农业经济效益偏低,迫使农民购买大型农业机械,像谷物联合收割机这样的大型机械,一天可以收割小麦7公顷以上,原来三夏抢收抢种的繁忙现象已不复存在。随着农产品商品率

的提高,有些粮商直接开车到地头,这边麦子刚收获,那边就卖掉了,极大地提高了劳动生产效率,降低了劳动强度,农民节约出大量的时间去务工。另外,农民建设日光温室,是为了减少天气对种植业的影响,种植反季节蔬菜、花卉等高价值作物,不断提高种植业的效益。总之,农业增效、农民增收是最直接的驱动力。

### (二)国家惠农政策的拉力

我国自1978年改革开放以来,针对农业出现的问题,中央多次召开农业工作会议。目的在于解决农业发展中的瓶颈,促进农业顺利发展,确保中国人的饭碗端在中国人的手中,中国人的饭碗装中国人生产的粮食,中国人不但要养活中国人,还要养好中国人,保障我国粮食自给率在95%以上。

1982年1月1日出台的《全国农村工作会议纪要》,突破了传统的"三级所有、队为基础"的体制框,明确指出包产到户、包干到户或大包干"都是社会主义集体经济的生产责任制"。这个文件不但肯定了包产到户、包干到户制,而且说明了它"不同于合作化以前的小私有的个体经济,而是社会主义农业经济的组成部分"。

此后,在1983年、1984年、1985年、1986年,中共中央又连续4年发布以农业、农村和农民为主题的文件,对农村改革和农业发展作出具体部署。2004—2014年又连续发布以"三农"(农业、农村、农民)为主题的文件,强调了"三农"问题在我国社会主义现代化时期"重中之重"的地位。2013年,有关文件提出鼓励和支持承包土地向专业大户、家庭农场、农民合作社流转。其中,"家庭农场"的概念是首次在文件中出现。2014年,有关文件确定,进一步解放思想,稳中求进,改革创新,坚决破除体制机制弊端,坚持农业基础地位不动摇,加快推进农业现代化。特别是2004年,不但取消了我国几千年来的农业税,还增加了对农业的多种渠道的直补,不但促进了我国农业的顺利发展,一年跨上一个新台阶,对于确保我国粮食十连增,解决农业增效、农民增收也起到巨大的拉动作用。

### (三)科技发展的推动力

农业发展一靠物质投入,二靠政策,三靠科技;科学技术是第一生产力。

在人类历史上有过四次产业革命。18世纪60年代瓦特等人发明和改进了蒸汽机,标志着人类第一次技术革命的兴起。第二次产业革命起始于19世纪40年代,以炼钢技术、铁路运输、有线电信的发展为标志。第三次产业革命始于20世纪初,以电力、化学制品和汽车工业的发展为标志。第四次产业革命发生于当代,以计算机、遗传工程、海洋开发技术为突破口。以蒸汽机和内燃机为动力的拖拉机等农业机械的发明与应用,实现了农业机械化。我国农业机械也是从小型向大型逐渐演变过来的,以稻麦收割机为例,从纯粹的收割机向联合收割机发展,劳动生产率提高若干倍。我国平原农区的小麦、水稻和玉米三大粮食作物生产已基本实现机械化。植物矿物营养学说的创立与发展和化肥、农药制造技术的应用,推动了农业化学化。化肥从单一氮肥向两元、三元等多元肥料发展,其种类从挥发性比较强的氨水和碳酸氢铵向尿素、复合肥、复混肥和控释肥等多种类发展,肥料的有效用量得到提高。植物杂种优势理论的创立和杂交技术的应用,培育出大量的新品种作物,促进了作物良种化,也加速了有粮作物品种不断更新换代,品种每更换一次,作物单产水平提高10%左右。河南小麦品种已经更新了10代,依靠科技,10年来其单产水平提高了1125千克/公顷(周新保,2005;宋家永,2008;毛景英,2012)。

农田灌溉技术的发展,促进了农业水利化,为农作物的高产稳产奠定了基础。农作物标准化、规程化、模式化栽培技术的推广应用,标志着我国作物栽培从经验指导为主转向以科学指导为主,从侧重单项技术转向运用综合栽培技术。总之,农业科学技术在我国粮食增产中起着重要作用。据有关部门统计,在粮食增产的诸多因素中,肥料的贡献率为32%,灌溉的贡献率为28%,种子的贡献率为17%,农机的贡献率为13%(谢建昌等,2000)。

(四)市场需求的导向力

我国市场经济体制逐渐形成,农产品转化为经济效益离不开市场,市场是农产品的风向标,只有适应市场需求时,交换才能实现。市场对我国农业生产的影响自20世纪80年代的卖粮难时就已出现,到2010年以来的"蒜"你狠、"豆"你玩、"姜"你军,农产品的价格忽高忽低,随时考验着我国的种植业和养殖业。受生产条件和经济条件的影响,农产品的需求愿望和实际供应量之间总是存在一定的距离。优化资源配置最有效的手段就是"看不见的手"——市场机制,市场通过利益机制的作用,利用价格信号,引导资源流向最能发挥效率的部门,从而实现资源优化配置和产业结构创新,最终达到提高效益的目的。因此,市场机制也就催生了订单农业的出现,生产出满足市场需求的农产品,形成区域化市场,降低农业生产成本。市场需求是现代农业发展的导向力。

### 三、不同农业发展思潮对现代农业的影响

(一)第一次农业思潮——绿色革命

"绿色革命"一词,最初只是指一种农业技术推广,是20世纪60年代某些西方发达国家将高产谷物品种和农业技术推广到亚洲、非洲和南美洲的部分地区,促使其粮食增产的一项技术改革活动,如"墨西哥小麦"和"菲律宾水稻"等。这项技术在某些国家推广后,曾使粮食产量显著增长。但不久之后,就逐渐暴露了其局限性,主要是它导致化肥、农药的大量使用和土壤退化。20世纪90年代初,人们又发现其高产谷物中矿物质和维生素含量很低,用作粮食会削弱人们抵御传染病和从事体力劳动的能力,最终使一个国家的劳动生产率降低,经济的持续发展受阻。由此有人提出了第二次绿色革命的设想。第二次绿色革命是指通过国际社会共同努力,运用以基因工程为核心的现代生物技术,培育既高产又富含营养的动植物新品种以及功能菌种,促使农业生产方式发生革命性变化,在促进农业生产及食品增长的同时,确保环境可持续发展(主要目的在于运用国际力量,为发展中国家培育既高产又富含维生素和矿物质的作物新品种)。迄今已发现一种既高产而又能从贫瘠土地中吸收锌,并将其富集于种子中的小麦种质和一种富含β-胡萝卜素的木薯种质。

第二次绿色革命的显著特点是绿色增长、多元化与可持续,即在增加食品保障与安全,促进农业向多样性、人本化方向发展的同时,确保环境可持续发展。

我国把第二次绿色革命的目标定为少投入、多产出、保护环境。我国杂交水稻品种的成功选育,促进了水稻单产水平跃升一个又一个新的台阶。

第一次绿色革命成功地避开了农民文化素质低、市场不发达和缺乏社会化服务体系等障碍,但这些问题都成为现在农业和粮食生产发展中不可回避的障碍。第二次绿色革命可能造成的负面效应主要是食品安全争议、生命伦理以及生物多样性问题。由于转基因作物种植减少了化肥、除草剂等化学物质使用量,被多数认为有益于环境。

### (二)第二次农业思潮——替代农业

20世纪60年代以来,首先在发达国家发展起来的这种"高消耗、高消费、高污染"和"先污染后治理,先破坏后整治"的常规发展模式,导致人们片面追求经济的高速增长,而忽视经济系统和社会系统、资源环境系统的协调发展,致使人口剧增、资源过度消耗、贫富差距悬殊、农村两极分化等问题日益突出,成为全球性的重大问题,严重地阻碍着经济的发展和人民生活质量的提高,继而威胁着全人类未来生存和发展。世界许多国家,特别是发展中国家的发展进程表明,在这种常规发展观的实施下,国民生产总值虽有增长,但人民的实际生活水平和质量却没有得到相应的提高,特别是加剧了经济社会、科学技术发展与资源环境平衡之间的矛盾,加速了资源的过度消耗和环境恶化。在此严峻的形势下,人们不得不重新审视自己的社会经济行为及所走过的历程,摒弃常规的发展观,寻找新的发展道路。

为此西方发达国家进行种种探索,提出了许多农业模式,如生态农业、有机生态农业、日本的自然农业等。尽管提出的农业模式名目繁多,学术界相当热闹,却没有国际机构和各国政府的共同参与,最后以失败而告终。

### (三)第三次农业思潮——可持续农业

20世纪60—70年代,主要替代思潮偏重环境保护;20世纪80年代后,替代思潮逐渐转移到环境与发展主题上。这是人类社会经济高速发展和进步的内在需求。各国已普遍认识到环境的保护与治理,只有放在包括经济和社会发展在内的更大范围内,才能最终得到解决。随着大量环境保护主义代表作的不断出版,环境保护主义运动的浪潮一浪高过一浪,以人类环境会议上发表的"人类环境宣言"为标志,人类已经认识到,我们只有一个地球,环境污染和不断恶化已经成为制约全社会发展的重大因素,各国必须采取共同行动,保护环境、拯救地球。

1987年,以挪威首相布伦特兰夫人为首的世界环境与发展委员会向联合国提交报告《我们共同的未来》,报告中提出"可持续发展"的概念,并将其定义为"既满足当代人的需要,又不损害后代人满足需要的能力的发展"。可持续发展的核心思想是健康的经济发展应建立在生态可持续能力、社会公正和人民积极参与自身发展决策的基础之上。它所追求的目标既要使人类的各种需要得到满足、个人得到充分发展,又要保护资源和生态环境,不对后代人的生存和发展构成威胁。因此,在1992年的里约会议上,将可持续发展作为全人类共同发展战略得到认可(吴大付 等,2008)。

20世纪80年代中期,在可持续发展思潮的影响下,可持续农业首先出现在美国。此后,得到粮农组织的认可。1989年11月,联合国粮农组织第25届大会通过了有关持续性农业发展活动的第3/89号决议。1991年4月,联合国粮农组织在荷兰召开了"农业与环境"国际会议,初步提出了可持续农业发展的合作计划,提出了"生产持续性、生态持续性、经济持续性"的含义。生产、经济、生态持续性相辅相成,共同构成了农业持续性发展的整体。其中,生态持续性是生产持续性和经济持续性的基础,没有资源环境的持续,就谈不上生产和经济的长久发展;没有生产及经济上的持续,保护环境资源既毫无意义又不现实;没有生产上的持久,就没有环境及资源上的永续;没有经济上的持续,生产就不可能发展。因此,就农业可持续发展而言,生产、经济和生态持续性同等重要、缺一不可。

绿色革命、替代农业思潮和可持续农业思潮对现代农业带来一系列的冲击,唤醒了人们在发展农业和经济的同时,还要保护环境,人类和自然环境和谐相处才能实现永续发展。

# 第二章 实用审美概述

## 第一节 美学与审美

### 一、美 学

"美学"一词来源于希腊语"aesthesis",最初的意义是"对感观的感受"。德国哲学家鲍姆加登(图2-1)第一次赋予"审美"这一概念以范畴的地位,他的《美学》(Aesthetica)一书的出版标志着美学作为一门独立学科的产生,他认为美学即研究感觉与情感规律的学科。

美学是研究人与现实审美关系的学问。它既不同于一般的艺术,也不单纯是日常的美化活动。

美学这门科学的渊源,可以追溯到古代奴隶制社会。古代思想家对于美与艺术问题的哲学上的探讨,对于艺术实践经验的研究、总结,可以看作是美学理论的萌芽和起点。

美学作为一门独立的科学,则是近代的产物。在18世纪资产阶级哲学和科学蓬勃发展的时期,美学在德国古典哲学中作为一个特殊部门开始确立起来。鲍姆加登在1750年第一次用"美学"(Asthetik)这个术语,并把美学看作哲学体系的一个组成部分。随后,康德(Kant)、黑格尔(Hegel)等赋予美学以更进一步的系统的理论形态,使之在他们的哲学体系中占有重要地位。19世纪一些资产阶级美学家在实证主义精神的支配下,力图使美学摆脱哲学而成为所谓"经验的科学"。当然,以所谓"经验的科学"自命的实证美学,并没有、也不可能脱离哲学的支配,但美学在这一时期确实更加广泛和独立地发展了。

图2-1 鲍姆加登
(Alexander Gottlieb Baumgarten, 1714—1762年)

马克思(图2-2)主义哲学的产生,给美学研究提供了真正科学的世界观和方法论,改变了美学研究的面貌。马克思主义的经典作家们也提出了许多重要

图2-2 卡尔·海因里希·马克思
(Karl Heinrich Marx, 1818—1883年)

的原则性的美学观点,然而他们没有来得及使之系统化。因此,建立科学的马克思主义美学体系仍是一个有待努力完成的任务。应该说,运用马克思主义观点来研究美学,至今还处于探索阶段。

美学思想是人类审美实践和艺术实践发展到一定历史阶段的产物,是对人类审美实践和艺术实践的哲学概括。人类早期的美学思想散见于古代大量的文论、画论、书论、乐论及哲学、历史等著作中。这些不具备系统的理论体系的美学思想是美学产生的基础,但还不是作为独立学科的美学。

美学作为一门社会科学,是在社会的物质生活与精神生活的基础上产生和发展起来的,是研究美、美感、美的创造及美育规律的一门科学。

(一)形式美

广义地说,形式美就是美的事物的外在形式所具有的相对独立的审美特性,因而形式美表现为具体的美的形式。狭义地说,形式美是指构成事物外形的物质材料的自然属性(色、形、声)以及它们的组合规律(如整齐、比例、对称、均衡、反复、节奏、多样的统一等)所呈现出来的审美特性,即具有审美价值的抽象形式。狭义形式美所说的形式是一种"人化"的普遍性的形式,是通过抽象的形式要素及其组合规律展现出的一般的审美意味的形式。抽象的形式要素及其组合法则,是人类在长期实践中逐步总结出来的关于造型的基本规律,是对于无数具体事物外在形式规律的抽象、提纯和升华,是人类的发现和创造。这种"人化"的抽象形式和由它带来的具有一般审美意味的形式感,在人类历史上是同时产生和发展的,并且作为文化传统的一部分而成为社会共有的精神财富。当人们面对这类抽象形式的时候,虽说由于脱离具体对象而难以直接感受其具体的实际内容,但是仍然可以从中体悟到某种朦胧抽象的审美意味。通常所说的形式美,就是指这种具有情感意味的抽象形式的美。

历史上的美学家和造型艺术家对抽象的形式美进行过大量的研究。这种研究对于人们在实践中创造不同事物的外在形式美具有一般的指导意义。但是抽象的形式美仅仅是在相对意义上而言的,因为世界上的任何事物及其美都必然是具体的。因而当这抽象的形式美体现为一个具体事物的外形时,它的审美特性也必然随着该事物的社会内容及其在整个社会生活中的客观地位而转移。五彩缤纷的时装,在喜庆节日里不失为一种美,而在肃穆的哀悼场合中则断然不美。可见,在抽象的形式美和具体美的形式之间,存在着一般与个别、共性与个性的辩证关系。历史上的美在形式说和形式主义者,由于否定和忽视这一辩证法,往往以一般代替个别,以共性代替个性,从而把抽象的形式所具有的审美特性绝对化,因此在说明现实生活中复杂的审美现象时,必然捉襟见肘,到处碰壁。

形式美不是自然形成的,是由美的外在形式演变而来;其中包含着具体的社会内容,经过长期重复、仿制,使原有的具体社会内容逐渐泛化成为某种观念内容,而美的外在形式即在此长期的过程中演变为一种规范化的形式,成为独立审美的对象。

这个长期的内容向形式积淀的过程中,包括心理、观念、情绪等诸多因素的沉淀。因此,红色表示热烈,直线表示刚硬等的意识,归根究底不是来自心理的沉淀,而是社会内容的累积实践。

美的外在形式虽然与美的内容不直接相关联,却总是体现着某种内容、意味;离开美的一定内容,它也就不是美的外在形式。

形式美具有独立的审美价值,但它决非纯粹自然的事物。它或多或少、或隐或显地表现这样或那样的某种朦胧的意味和人类情感观念,是因为它的形成和发展经历了漫长的社会实践和历史发展过程。这个过程是一个长期的包括心理、观念、情绪向形式的历史积淀。经过历史积淀的形式美,就成为一种植根于人类社会实践的"有意味的形式"。社会实践的历史积淀使形式所涵盖的社会生活内容渐渐凝结在构成形式美的感性材料及其组合规律上,事物的形式或美的形式就演变为独立存在的形式美。失去了具体社会内容制约的形式美,比其他形态的美更富于表现性、装饰性、抽象性、单纯性和象征性。在人类的历史上,在社会、自然、艺术、科学的各种领域中,普遍存在着美;虽然它们的表现形态、状貌、特征都不相同,但是美的本质却是同一的。

形式美是艺术创造追求的目标之一,它在作品中往往具有独立的作用。有些抽象性艺术结构(如建筑、工艺设计等)总是以特定的形式美为主要原则,但形式只有和相应的精神内容相结合才会产生强烈的感染力。因此,形式美只有不仅作为目的,也作为手段时,它的本质才会得到充分体现。

(二) 美 感

美感具有广义和狭义两种。狭义的美感,指的是审美主体对于当时当地客观存在的某一审美对象所引起的具体感受,即审美感受;广义的美感,又称审美意识,指的是审美主体反映美的各种意识形式,包括审美感受以及在审美感受基础上形成的审美趣味、审美体验、审美理想、审美观念等所共同组成的意识系统。审美心理学要研究审美意识的整个系统及其各种表现形式,但研究的核心和基础还是审美感受,即狭义的美感。

举例:对于喜欢吃卤猪肘的人来说,一只刚出锅的卤猪肘就会非常好看,非常好闻,也非常好吃。如果被告知这是一只瘟猪的肘子,或这只肘子是从泔水桶里捡出来的,对于讲究饮食卫生的人来说,这只卤猪肘给人的好看、好闻和好吃的感觉通常就会立刻消失,甚至会让人感觉恶心。

对于一个喜欢吃卤猪肘的人来说,在饥饿的时候,卤猪肘给他的美感和好感会非常强烈。但是,当他看到旁边的人有比卤猪肘更好吃的食物时,卤猪肘给他的美感和好感就会减弱。然而,当他看到旁边的人的食物比卤猪肘差得远时,卤猪肘给他的美感和好感就会大大增加。当他把卤猪肘吃得很饱以后,如果再逼他吃一只卤猪肘,此时卤猪肘给他的美感和好感程度就会大大下降,甚至会变成丑感和坏感。对于一些忌猪肉的人们来说,由于观念形态的不同,一只非常好的卤猪肘给他们的就只能是丑感和坏感,而不会产生美感和好感。

美感形成的根源既然是社会实践,它的产生与发展也就离不开人类社会实践的历史过程。

美感来源于动物的本能,却超越了动物的本能。美感的历史起源是与人类的社会实践紧密相连的。首先,美感是适应人类社会实践的需要;其次,审美的实践活动不同于一般的实践活动,体现为精神上的满足;再次,人类的美感活动不断扩大发展,不断增加新的内容和意义;最后,美感有起点,但没有终点。

美感,是由于客观事物的外部形态特征使人产生出的一种快乐感觉。美感反映的是人的"自我"对客观事物的价值判断和价值需求。人需要客观事物给自己带来某些方面的好感,当人根据某种客观事物的外部形态特征判断出了该客观事物具有给自己带来所需要的好感的功利价值,该客观事物的外部形态特征就会使人产生美感。这就是说,客观事物对人所表现出的美感,从本质上讲就是人对客观事物能够给自己带来好感所具有的功利价值,通过其外部形态在认识层面上的判断和确认。

客观事物的美感,是通过其外部的形态特征表现出来的。根据不同的形成方式,客观事物的外部形态分为客观形态和文化形态。客观事物的客观形态,是客观事物客观形成或具有的有形形态。例如,花的色香、瓜果的皮色、器具的外观和质地等。客观事物的文化形态,是人们在文化活动中赋予客观事物的以文化为本质内容的无形形态。例如,人的门第、名誉、地位和权力,商品的品牌、价格和产地等。比如,对于许多追求时尚的人来说,一件衣服是否具有美感,通常在很大程度上取决于这件衣服是否是名牌,价格是否很高,是否产自法国或意大利,是否在名店里买的等。对于收藏者来说,一件艺术品是否具有美感,通常在很大程度上取决于这件艺术品是否出自名家之手,是否是真迹,产生于多少年前等。

(三)美的创造

美的创造是通过符合规律、目的的实践活动对人类生活和艺术的创新、美化、完善;是人的特殊的实践活动和心理活动及其结果,包括审美意象的创造和物化形态的美的创造。自然美是被人发现的,是人的实践的结果,只有当它被人化,确证了人的本质力量,它对人才是美的,这种发现本身就包含着创造。社会美如人的美,社会物质产品、精神产品的美,是人按照美的规律和自己的理想创造的结果。艺术美则更是美的创造的主要内容,是美的创造力的集中体现。美的创造是历史的范畴,经历了由自发到自觉、由片面到全面、由简单到复杂的漫长演化过程。美的创造除必须具备一定的客观基础、依赖于一定的物质条件之外,主体所需的条件还包括:①高尚的审美理想和对于美的规律的认识;②把握客观对象和使用的物质材料的性质与规律;③得心应手的创造才能与技巧;④勇于探索与实践的精神。美的创造有合规律性与合目的性的特征,它是自觉、自由的创造,熔铸着人的思想、情感、意志和能力,体现了人改造世界、改造自己、美化生活的愿望,是美不断丰富、发展的基本前提。

以往的美学理论对于美的创造的研究一般不够重视。一些主张美是客观的人认为,既然美是客观的,那就如同客观规律一样,是根本不可能创造的。一些认为美是主观的人则从"美在心而不在物"的立论出发,认为美的创造纯粹限于个人的心灵活动,如"移情说"的倡导者就是这样论述的。更多的美学家虽然也承认美的创造,但他们所谓的美的创造不过是艺术创造的同义语,他们所着重研究和阐发的美的创造的规律,实际上仅仅是艺术创造的规律。

无视美的创造的广阔领域,把美的创造仅仅理解为纯粹个人的心灵活动或局限于艺术的创造,都是不符合客观实际的。只要简略地回顾一下从原始社会以来人类在衣、食、住、行、文化教养等方面的发展,就可以充分肯定:随着历史的前进,人类改造世界的能力在日益增强,人与自然之间不断取得新的平衡,人类自身及其生活在一天天美化。这就有力地表明,美的创造不仅无可否认,而且其领域也远远超出了艺术创作的范围。科学的美学理论应该力避疏漏和谬误,从实际出发,加强对美的创造的研究,认真总结人类美化世界的一切实践活动,揭示美的创造的规律,从而使人们更加自觉地进行美的创造。

人类所进行的美的创造活动,经历了由无意识到有意识、由自发到自觉的漫长的演变发展过程。

当人类的祖先开始制造粗陋的工具的时候,就告别了动物界,开始了自己的独特的历史。原始人用石头做成的砍砸器、刮削器、尖状器,虽然极为粗糙、简陋,甚至在形体上同天然石块没有多大差别,但却表明他们在长期的劳动实践中,已经对自然事物(石头)的质地有所了解,并能根据自身的不同目的和需要对客观对象进行加工。所以,即使在如此原始的劳动及其对产品的极少变动中,仍然体现了人类对于客观规律性与主体目的性的把握,显现了人的本质力量,具有不可忽视的美的价值。

当然,砍砸器、刮削器、尖状器,以及此后的石斧、骨针等生产工具,并非人类有意识地、自觉地创造美的结果。只有经过若干万年的实践活动,在满足直接的肉体需要的基础上,人类才有可能觉察到外化在客观对象中的自己的本质力量,从而实现马克思所说的"在他所创造的世界中直观自身"。换句话说,人类审美意识的觉醒,是随着社会生产力的发展,在物质需要得到一定程度的满足的基础上逐步实现的。当人类的审美意识真正觉醒之后,美的创造就成为人们根据一定的审美理想,按照美的规律所进行的一种改造客观世界同时也改造主观世界的自觉的实践活动。

### (四)真善美与假丑恶

事物的价值属性存在于对象事物(客体)与人(主体)的关系之中。这种价值关系的存在,在人方面表现为主体对于客体的某种需要,在对象事物方面表现为客体对主体的效用,即满足需要的效用。客体自身固有的自然属性的某种性质,是满足主体需要的客观基础。主体通过实践活动开始意识到客体对象具有能够满足自身需要的效用时,就会加以开发和利用,于是就形成了不断发展、日益丰富的价值关系。

某一事物的审美属性(人的本质力量的感性显现)是人类社会价值的一种。人类社会与对象世界之间形成的最主要的价值关系,包括真——认识关系、善——功利关系、美——审美关系三大类。所以说真、善、美是人类社会所具有的三大价值。从马克思关于"美的规律"的论断中,不仅可以明确美同人类社会实践的不可分割的联系,而且还可以领悟到美与真、善的辩证关系。真、善、美作为人类社会长期追求的不同价值,其本质及相互间的关系也只有结合人类的社会实践历程才能得到科学的解释。

真,是指各种事物自身的自然状况及其内在的客观规律性;善,就是人类在实践活动中所追求的有用或有益于人类的功利价值;美,不能离开真与善,不能违背真与善,这只是真、善、美关系的一个方面,另一方面,美又有自身特有的质的规定性,不能同真、善简单等同,更不能以真、善来取代。人要"按照美的规律来构造",其前提和基础就是要认识和把握这些规律,使自己的实践活动同客观世界的必然性相吻合。凡是美的东西,一般说来,首先都应当是真的,是蕴含和符合客观规律性的,这在人类社会生活及其产品中表现得尤为明显。从原始人创造的石刀,到今天人们制造的宇宙飞船、精密仪器的美,都离不开人们对各种物质材料自然性能的认识,离不开人们对产品内在质量的把握。换句话说,违背了事物的客观规律性,失去了"真",美也就不复存在了。同样,战争这个人类互相残杀的现象,为什么有时显得美,有时显得丑?为什么有时激起人们崇高的热情,有时又表现了惨无人道的兽性?究其根源,主要在于历史上的战争,有的体现了社会发展的必然要求,是反抗邪恶、拯救人类的旗帜;有的则逆历史前进的方向而动,给人民大众的生活带来无穷的灾难。前者包含着"真",体现了"善",因而显示出美的价值;后者背离了"真",充满着"恶"(恶一般指有违法乱纪、假公济私、恶意攻击、恶毒谩骂、肆意诋毁、污辱或损害他人的正当权利的人和事件等),所以就是丑的(丑是指行为不光彩,思想狭隘,为人民群众所唾弃、所不齿的人和事件)。社会的丑恶现象归根到底就是一个字——"假"(不真实,具有欺骗性、危害性、虚构性的事件等),一个假字可以披上真善美任何一件外衣,到了最后就成了假真、假善、假美,假必然是丑陋的,假必然是恶,我们要在生活中追求真善美,摒弃假恶丑,树立正确的行为观!

列宁(图2-3)说:"世界不会满足人,人决心以自己的行动来改造世界。"因此,列宁对善的"实质"作了这样的概括:"'善',是对外部现实性的要求,这就是说,'善',被理解为人的实践=要求和外部现实性。"在通常的情况下,凡是有害于人类生存和发展的事物或文艺作品,都不可能是美的。在这个意义上,我们可以说,善是美的灵魂,违背了善,也就失去了美,也就成了假、丑、恶。

狄德罗(图2-4)说:"真、善、美是紧密结合在一起的。在真或善之上加上某种罕见的、令人注目的情景,真就变成美了,善也就变成美了。"狄德罗虽然没有能够对真、善、美的特定内涵做出科学的阐述,但如果仅就他对真、善、美三者关系的这一表述而论,应该承认这是相当中肯的。也就是说,只有当真与善以"罕见的、令人注目的情景"表现出来,它才能成为审美对象,具有美的价值。

图2-3　列宁
(Лéнин,1870—1924年)

图2-4　德尼·狄德罗
(Denis Diderot,1713—1784年)

真、善、美是客观对象对于人和社会而存在的客观价值;真、善、美各有自身独特的内容,不能互相取代,但三者在实践中却可以而且应该得到统一。真是美的基础,善是美的灵魂,如果把这种符合客观规律的真和有利于社会发展的善,通过具体而又光辉的形象表现出来,这个形象就是美的了。所谓美是人的本质力量的感性显现,正是指客观对象的感性形象体现了真与善相统一的审美价值。人类的一切实践活动,包括艺术实践活动,都是在不断地追求真、善、美的统一。人类的物质文明和精神文明,都可以看成是人类追求真、善、美相统一的实践过程中所积累的成果与财富。

总之,真、善、美是绝大多数人为之奋斗的事业,而假、恶、丑则为社会的阴暗面,但乌云毕竟遮挡不住阳光的照射,正义必将战胜邪恶,这是历史的规律、人民的信念、世界的潮流、永远的真理。

一个国家,大多数人都崇尚真善美,正气就上升,民族就振兴,国家就富强,人民就安居乐业。而反之,后果将不堪设想。虚假、恶毒、丑陋、贪婪,人民唾弃之,清廉、公正、忘我、奉献,人民拥戴之!

## 二、审 美

审美是人类理解世界的一种特殊形式,指人与世界(社会和自然)形成一种无功利的、形象的和情感的关系状态。审美是在理智与情感、主观与客观上认识、理解、感知和评判世界的存在。审美也就是有"审"有"美",在这个词组中,"审"作为一个动词,它表示一定有人在"审",有主体介入;同时,也一定有可供人审的"美",即审美客体或对象。审美现象是以人与世界的审美关系为基础的,是审美关系中的现象。美是属于人的美,审美现象是属于人的现象。一般应遵循以下四项原则:

1. 科学性原则

"科学性原则"也称为"合规律性原则",是指在美容医学审美评价中必须以人体正常的生理发展规律为前提。

任何一种美都离不开审美对象本身所具有的正常规律性,人体的美也必须符合人体正常的生理发展规律,生理功能的健全和机体的健康是美容医学实施审美评价的前提。如果人体的生理功能有障碍,不仅会直接影响人体的美感,而且会进一步影响人的心理感受,从而间接地影响人的整体美。

2. 普遍性原则

人体的美是自然美、社会美和科学美的统一,美容医学审美评价也要符合普遍的审美要求,亦须遵守形式美的基本法则,包括节奏、整齐、对称、均衡、和谐等。

3. 个性化原则

人体美是共性和个性的统一,美容医学力求以个性的方式再现人体美,美容医学审美评价也须在普遍性的基础上体现人的个体特性。人体审美评价首先受到社会共同审美标准的制约,要适应社会的审美评价标准。但是,社会普遍的审美标准只是反映人体审美的共性,并不包含人体美的所有个性。从客观观察,每个求美者外貌的具体形态、气质神情、性格特征千差万别。从主观观察,求美者的审美素养、审美趣味、审美理想各不相同,千人一面不符合人体审美的心理规则。

4. 发展性原则

人体审美的标准并非一成不变,随着社会的进步,人类对自身的审美处于不断发展的过程之中,人体审美的标准不断变化,美容整形医生不能把某种人体审美标准凝固化。一方面要淘汰那些有害人体健康的审美标准,另一方面又要对正确的人体审美标准进行调整和完善。

## 第二章 实用审美概述

由于审美是一种主观的活动,因此很多人会认为,审美只是人的一种特殊的行为,在其他动物中不存在审美。其实不然,人们对动物是否存在审美这一行为的推测,很大程度上被人们的思维所左右,而并不是真正从动物的角度出发,因此难免存在偏差,也很难说审美仅为人类所特有。

审美的范围极其广泛,包括建筑、音乐、舞蹈、服饰、陶艺、饮食、装饰、绘画等。审美存在于人们生活的各个角落。走在路上,街边的风景需要人们去审美;坐在餐馆,各式菜肴需要人们去审美……当然这些都是浅层次上的审美现象,人们需要审美,研究审美更应从高层次上进行探讨,即着重审人性之美。人们不断追问自己的心灵,不断提高自己的审美情趣。

审美是在理智与情感、主观与客观的具体统一上追求真理、追求发展,背离真理与发展的审美是不会得到社会的长久普遍赞美的。

懂得审美的人,总是追求一种恰到好处的美感距离。审美主体与审美对象需保持一定的距离。在好的美感距离下,审美主体的审美感官能得到极大调动而饱受美感享受,审美态度庄重而不轻佻,审美情趣受到陶冶而不沉湎。在好的美感距离下,审美主体对审美对象会保持完美良好的印象,难以忘怀。这种距离,是一种不远不近、不即不离、不轻不重的理想审美距离。在如何把握审美距离方面,不妨向英国首相丘吉尔学学。他有一次遇到好莱坞一号美女费雯丽,不禁被她迷人的美貌所吸引,出神地看她。此时,当有人叫他与费雯丽更靠近一些时,他却说:"我在欣赏上帝的艺术品,须保持距离。"丘吉尔作为政治家政绩卓著,作为军事家战功显赫,但想不到他在审美方面也如此内行,真叫人钦佩。

审美的心灵在体验中通过情理统一净化情色、狭隘的功利和获得纯粹的技术,并使其内涵得到升华。庸俗化的审美倾向对于穷奢极欲的生理的满足永远不能上升到审美享受的境界。那种将感官的快适等同于美感的做法,显然是违背美学常识的。物质享乐的欲求只有在与精神相关联时,才可能具有审美的价值。因此,审美活动永远不能停留在视听感官的层面上,视听的魅力最终要感动心灵,必须实现眼与心、耳与心的贯通。孤立地讲"眼睛的美学""耳朵的美学",将视听感觉与心灵割裂开来的做法,无疑是不当的。

审美活动最早起源于修饰,修饰与爱美密切地关联着,但如果修饰的目的仅仅停留在视觉的生理快感效果上,显然还不是审美活动。在现实生活中,享乐是多层次的,审美愉悦也是一种享乐。但审美愉悦是感官享乐和精神享乐的统一,而且只有实现了感官与精神愉悦的统一,感官的快适才可能是审美的愉悦。康德认为真和善是有自己独立地盘的,而美没有自己独立的地盘,实际上也就是说,审美的领域是没有限制的。任何对象都可以进入审美的领域,获得审美的正价值或负价值的评价,日常生活也不例外。不过,一旦进入到审美活动,日常生活就跳出了现实的领域,进入到理想的境界,它至少在想象中与寻常的生活相分离了。以舞厅为例,舞厅作为一个娱乐环境一旦进入审美领域,便可以在想象中超出日常生活环境,独立地构成一个理想的艺术化的境界。但是,如果将生活与审美融为一体的大众休闲视为日常生活审美化的最新理想去追求,那只能是一种审美乌托邦。在日常生活中追求审美取向,乃是对既有美学原则和基本规律的运用,而不可能是一种颠覆传统美学原则的新的美学原则的崛起。

纯感官的世俗享乐,包括视听之乐,以及味觉甚至嗅觉的快感,必须具有精神性或社会性的价值,方可称其为审美的快感。美女明星的脸蛋和煽情的表演,如果只具有情色的特征,与审美的本质是毫不相关的。因此,时下有人把日常生活的审美化只是理解为生理快感和声色之乐的层面,就犯了根本性的错误。日常生活的对象在生理快感的层面上与审美有相通的地方,但并非是真正的审美。后现代中的颓废思想把人生看成是一种享受消费的游戏,以对抗日益异化的现实世界,宣扬奢侈挥霍,情色泛滥,但这与审美的本质是背道而驰的。美学(Aesthetics)在词源上是指对感性经验的研究,本是侧重于感官的体验和享乐,但它们与伊壁鸠鲁(Epicurus)式的及时行乐思想、单纯的感官快适是有着根本区别的。在我国的文化精神和传统中,审美活动更是基于感性而不滞于感性的生命体验,是一种出神入化的对道的体验。

因此,日常生活的审美化与奢华的物质享受并不能简单地等同,奢华的物质环境有利于创造视听享受的氛围,成为审美享受的基础,但它不是直接的审美活动自身。大亨的豪华装饰可以作为审美的对象,但美学家们不能蜕变为大亨或纨绔子弟装饰美容的师爷。陶醉于日常的物质生活本身,是美学家作为一个都市人角色的权利;在日常生活中享受审美的趣味,是美学家作为一个审美欣赏者角色的权利;而对日常生活中的审美现象做出冷静的思考并且进行积极的引导,才是美学家们应尽的义务。

### (一)审美意识

审美意识是一种审美的价值观念形态,在审美过程中起着意义规范和价值评判的重要作用。就个体的审美素养而言,审美意识主要是指在审美活动中涉及审美选择、判断、评价的观念意识。个体的审美意识是其世界观、人生观、价值观的有机组成部分之一,是其人生志趣与社会理想在审美方面的体现。因此,个体的审美意识是审美素养中与人文素养联系最紧密的部分。

审美意识是内含于个性化的审美过程之中的一种观念意识的能动要素。审美意识与审美能力有密切的内在联系。审美意识侧重于主体观念,而审美能力则侧重于主体的心理功能。在具体的审美过程中,二者是内在结合在一起的。审美能力是审美意识发挥作用必不可少的条件,审美意识是审美能力的意识形态性质与功能。对一件艺术品,个体能否持审美态度、能否引起审美共鸣、能否与它达到"物我同一"的地步、能否对它达到深切的领悟、能否产生审美愉悦,这些个性化的心理过程都或隐或显、或多或少地受到观念意识的影响。

作为一种特殊的意识形态,审美意识具有感性和情感评价性等特征。审美意识虽具有理性内容,但又呈现为感性形态,它是一种形象化、个性化的观念意识。审美意识又具有情感性,它不仅具有反映功能,而且具有评价功能。在某种意义上说,它是一种情感态度,是一种较稳定的、社会化的情感价值取向。由于其情感评价特征,审美意识所反映的也并非只是客体的性质,而是客体对主体的意义,是人与世界的特定关系。

个体的审美意识主要包括审美趣味和审美观念（或审美理想）两种形式,前者更个体化、感性化,后者更社会化、理性化。审美趣味是人在审美活动中表现出来的心理定式,它以喜爱或不喜爱的情感评价形式,决定对事物的取舍。它虽可体现为一定群体的共同审美倾向,却又总是具体表现为个体的审美偏爱或选择。在具体的审美过程中,审美趣味几乎以无意识的直觉方式作用于审美选择和判断。由于个性差异和审美对象的丰富多彩,人与人之间的审美趣味存在着明显差异,再加上审美趣味的易变性,使得人们觉得它难以捉摸,无法确认。于是,"趣味无争辩"这句拉丁谚语便具有了其合理性。但是,审美趣味的差异性又是相对的,它又有一定的范围,这种范围构成了不同趣味之间共同性的一面。首先,它限于审美价值的范围,这就构成了审美趣味的是非标准。如果把"趣味无争辩"限于这个范围,那就有了相当的合理性。因为,当人们说审美趣味时,就意味着对审美价值的肯定和追求。倘若某人缺乏审美价值取向,那么就是缺乏审美趣味;倘若某人喜欢审美价值很低甚至肮脏的东西,那么就是趣味低下。其次,在审美价值范围内,审美的选择与评价有高低和广狭之分。审美对象是丰富多彩的,它们在许多方面是无所谓高低之分的。如人们对黄山与九寨沟这两种自然景观的审美价值很难做出客观的、令人信服的高低评判,毋宁说,它们是各有特色,均具有很高的审美价值。但是,如果把黄山与极为普通、毫无特色的山丘相比也无法做出审美价值的优劣判断,那就表明了审美趣味水平的低下。又如,对于举世公认的优秀艺术品毫无兴趣,而只是对模仿性的、粗糙肤浅的作品津津乐道,这也是审美趣味不高的表现。审美世界无限广阔,个人的经验范围总是有限,所以,审美趣味总是有局限性的。但是,倘若只对某一部作品、某一位艺术家的风格或某一种艺术体裁感兴趣,并排斥其他方面,那就是审美趣味过于狭隘的表现。而且由于狭隘,审美趣味也不可能达到较高的水平。即使对同一审美对象都有肯定性评价,但由于审美对象的意义是多层次的,不同的审美趣味仍有高低、广狭之分。能对艺术作品各个层面的审美价值做出全面选择与评价的审美趣味,显然要比只限于作品感性外观的价值取向水平高、范围广。健康的儿童都有爱美的天然倾向,但是,这种倾向需要保护和加强,并有待提高与充实。梁启超曾指出："人生在幼年青年期,趣味是最浓的,成天价乱碰乱迸,若不引他到高等趣味的路上,他们便非流入下等趣味不可。"这就是说,一个人的审美趣味是需要精心开发与培养的,而美育正是实现这一任务的基本途径。

个体良好的审美趣味体现为质与量两个有机联系的方面,即追求较高审美价值的心理定势和较广范围的审美兴趣。欲达此目标,美育过程应在为儿童提供大量合适的审美对象,组织他们进行艺术创作（包括演奏、表演等）时,也充分考虑到审美趣味养成的质与量两个方面,注意把学生的审美经验引向较高水平和较宽广的范围。优秀的艺术作品和审美品质较高的景观是提高学生审美趣味的良好教材。俗话说:取法乎上,得其中;取法乎中,得其下。经常接触具有较高审美价值的对象,可以逐渐培养起良好的审美趣味,而审美趣味的发展又依赖较广泛的审美经验,这样才能使人跳出狭小的圈子,具有广阔的审美视野。当然,人们常常对某一种审美类型特别偏爱,这是完全正当的;而且没有对某一种审美类型比较深入的体验和琢磨,也就没有比较和鉴别的基础,审美趣味的范围也无法扩展。但是,个体的审美偏爱不应封闭排外,阻碍审美视野的扩展。事实上,审美趣味广泛不仅有利于身心健康,也有利于个体审美素养和审美趣味的提高。

个体审美趣味的形成和发展是其人格、人生观与社会审美意识相互作用的过程。在此过程中,既有个性的社会化,又有社会因素被整合到个体人格之中的个性化。在美育教学过程中,应处理好个性与社会性的矛盾关系,特别是审美趣味的教育,更应充分尊重个体的特殊倾向,教师、教材与美育的教学设计应考虑到儿童的个性心理特征和心理发展水平。硬要儿童完全接受成人的审美趣味,既违背教育心理学规律,又违背美育促进学生健康成长的宗旨。

审美观念又称审美理想,它是对审美对象的本质的集中反映,是关于审美价值的自觉意识,又是审美判断与评价的最高范本和最根本的主观依据。审美观念具有理想性。虽然就其根源来说,审美观念是现实的反映;但审美观念不是对个别审美对象的反映,也不仅仅是一种被动和机械的反映,而是对丰富的审美经验的概括的产物。此外,审美观念不仅是一种认识的结果,而且是审美需要的自觉形态,它借助想象力的超越性创造功能而形成,具有超越现实、超越个别审美对象,甚至超越既有艺术作品的理想性质。马克思曾把艺术作为一种人们借以意识到现实冲突并力求把它克服的意识形态的形式。

由此,我们再来思考马克思关于艺术发展与社会发展的不平衡的论述时就会发现,艺术对现实冲突的解决方式是超越性和理想性的。马克思指出:"任何神话都是用想象和借助想象以征服自然力,支配自然力,把自然力加以形象化;因而,随着这些自然力之实际上被支配,神话也就消失了。"不仅是神话,一切艺术都是借助想象力来克服所有阻碍人们获得自由解放的现实条件的。艺术之所以有这种超越性,那是由于艺术家和欣赏者具有自觉地追求人类生存发展的自由的价值追求,这也就是审美观念的实质。

审美观念是最富于理性内容的审美意识形态,集中体现了审美意识的意识形态性质。它虽然直接形成于审美活动之中,但明显受到各种社会关系和其他意识形态的制约。在一定意义上说,它是人们的政治观、道德观、人生观在审美判断和评价上的体现。所以,审美观念有进步与保守、高尚与庸俗、先进与落后之分。一定的审美理想总是与一定的社会理想有内在的联系。例如,陶渊明在《桃花源记》中所描写的"理想国";杜甫在《茅屋为秋风所破歌》中所抒发的"安得广厦千万间,大庇天下寒士俱欢颜"的诗句;汤显祖在《牡丹亭》中所梦想的"有情之天下",都以审美意象的形式直接或间接地表现出一定的社会理想(图2-5)。一般地说,进步的审美理想又往往是进步的社会理想的萌芽状态,可能超前地以形象的方式传达出新时代的精神和历史发展的要求。此外,审美观念与理论观念不同,具有感性形式,而非理论形态。在《判断力批判》中,康德把审美观念确定为一种具有充分理性内容的个别和感性的形象,辩证地揭示了审美观念的复杂性;审美观念是一种具有理性内涵的规范性图式,是感性与理性、个别性与一般性、模糊性与规范性的有机统一体。

陶渊明（352或365—427年）　　杜甫（712—770年）　　汤显祖（1550—1616年）

图2-5　我国古代相关人物

审美观念与人生观的联系最为直接和紧密。审美观念，作为一种独特的人生价值观念，在具体的社会生活中又往往体现为一种独特的人生态度，即追求人生的内在价值，注重人生境界的提高。这充分体现于审美态度的无私性。正是在这个意义上，"审美的无私性是功利性的最高形式"。人生的审美态度通过摒弃对功名利禄等外在价值的追求，而注重于人自身的生存质量；而使感性自我与自然、社会融为一体；通过暂时摆脱急功近利的价值要求，而使当下的生活利益与未来的人类利益相协调。美学家宗白华（图2-6）写道："晋人向外发现了自然，向内发现了自己的深情。"自然美的发现，不仅是审美观念的重要转变，也是人生观的重要转变。宗白华讲晋人的审美观念"是显著的追慕着光明鲜洁、晶莹发亮的意象"，这意象就是一种人生理想。注重审美人生观的培养是我国美育思想传统最显著的特征。

图2-6　宗白华（1897—1986年）

20世纪以来，王国维、蔡元培、梁启超、朱光潜（图2-7）都深刻论述过美育纯洁人心、美化人生的重要作用，这正是人的审美素养和人文素养最切近的关节点。

王国维（1877—1927年）　蔡元培（1868—1940年）　梁启超（1873—1929年）　朱光潜（1897—1986年）

图2-7　我国近代相关人物

审美观念与审美趣味直接关联，在具体的审美活动中，两者时常不易区别。一般地说，审美观念是审美趣味的"原型"，是做出审美选择、辨别、判断与评价的主观根据和最高标准。在审美活动中,审美观念是通过审美趣味起作用的,一定的审美趣味总在一定程度上体现了与之相通的审美观念。从形成的方面说,审美观念是审美趣味不断积累、沉淀、改造、综合的结果。审美观念与审美趣味相比较而言,前者偏于稳定、理性、社会性,后者更具有变易性、感性、个体性;前者的形成较为缓慢,后者的形成较为迅速;前者处于审美意识的较深层次,后者处于审美意识的较浅层次;前者往往是一种自觉意识,后者往往更具有自发性,甚至有无意识色彩。根据循序渐进的美育教学原则,审美意识的提高应该从审美趣味的培养入手。由于个体审美趣味的形成受时代与民族文化的影响,因此,审美趣味的培养宜从当代和本民族的优秀艺术品入手,这不仅可收到事半功倍的效果,而且与培养民族审美文化的继承者和创造者的美育目标相一致。

(二)审美关系

现代人类的审美是由对事物外形的知觉而产生非利害性愉悦感的活动。审美的发生,就是这种活动的发生。这表明,对事物"外形"的感知能力和把握能力是审美活动的基本条件。

文化人类学的研究表明,距今大约一万年前的原始艺术都是出于巫术等实用的目的,没有审美用途,说明当时的人类社会没有审美。认知人类学对早期人类思维状况的研究表明,当时的人类没有完全的思维抽象能力,没有"形式"的概念,因此不会审美。这是因为事物的利害性存在于事物本体上,而事物外形则是事物本体即事物利害性的信号,如果不能把事物本体与其外形彻底地区分开来,对事物外形的感知就必定同其利害性相关联,从而不能形成非利害性的愉悦感即美感。因此,在不具备完全抽象思维能力时,人的认知方式只能是利害性的,只能形成利害性的情感反应。

任何事物都是本体与外形的统一体,两者不可分离。所谓"外形",是人的概念,只在人的思维中才能抽象地存在。抽象是脑神经进行认知活动的自然方式和基本功能。自从人类形成,随着人类实践活动特别是语言的发展,抽象思维能力一步一步提高,终于在距今大约七八千年的时期达到了完全的抽象,可以在思维中将事物本体与其外形彻底地区分开来。这就铸成了新型的认知方式,具备了审美发生的一般条件。这时的人类才可以相对独立地、仅仅对事物的形式加以关注性的认知,并因为这种认知而形成非利害性的情感反应。人对这种情感反应的体验是用"美"字来形容的,后来叫作"美感"。

人与事物之间最原初、最自然的关系是利害性关系。于人有利的事物引起好感,于人有害的事物引起恶感。人对事物本体利害性的认知把握同对事物外形的认知把握是近乎同时的。由这两种认知通道传递的不同信息近乎同时地被大脑所接收,于是被加工整合为同一事件。当事物本体的有利性经由需求的满足而引起好感时,事物外形也能经由知觉而引起好感。即,事物外形本来不具有利害性,不具有引发情感反应的作用,但以事物本体的利害性为中介,事物外形就可以同情感建立起联系。如果人对事物外形的知觉足够深刻,就能作为特定的神经活动方式而保存在记忆中,形成与事物外形相对应的知觉模式。这样,事物外形同情感的联系就凝结在知觉模式中,使知觉模式成为事物外形与情感相联系的中间枢纽。即,以知觉经验为基础而建立起来的知觉模式,对外连接着事物外形,对内连接着情感体验;人只要感知到与既有知觉模式相匹配的事物形式,就会直觉性地产生相应的情感。例如,如果一个人受过野狼的惊吓,就会形成对应于野狼外形的野狼知觉模式,并且同恐惧感相连接,以后再看到野狼的外形,就会直觉性地形成恐惧感。

人的自然属性决定人首先要满足自己的实用性需求。如果人有利害性需求,就处于利害性状态,形成利害性注意;这时对事物的知觉的目的在于发现事物的利害价值,不会形成由形式认知而引发的非利害性愉悦感。此时的主客体关系是利害性的。在实用性需求得到满足之后,不再有当下的利害性需求,人就会处于无实用性需求状态,即所谓非利害状态。非利害状态相当于审美的待机状态。在这种状态中,如果人遇到与既有知觉模式相匹配的事物形式,就能经由对这一事物形式的认知过程而产生非利害性的愉悦感。这时,人与对象事物之间一般的认识关系就转化成审美认知关系,人和对象事物同时地成为审美的主客体。审美关系的当下结成是诸种必要条件下的自然结果,不是形而上学式的抽象存在,也不是出自"逻辑上在先"的预设。

例如,人与水有密切的关系。水于人有利,能引起好感,水的样态及外形就在人的知觉结构中建立起与好感相连接的水知觉模式,即水外形与水知觉模式是相匹配的,可以引发好感。人在需要用水的时候,处于利害状态,两者之间是利害性关系,水是实用对象,不是审美对象。人在非利害状态时,就可以对水的样态进行形式性的认知,产生美感;两者之间是审美关系,水是审美对象。对于有利的事物,量越大则有利性越大,有利性越大则审美价值越大。所以大水的样态,如大江大河、大湖大海都具有较高的审美价值。如果在量大的基础上再加上奇特性,则审美价值就更大。瀑布、钱塘江大潮即是如此。但如果人在观赏钱塘江大潮时突然被大浪裹卷,有生命危险,则会由非利害的审美状态转为利害状态,钱塘江大潮之水即刻由审美对象转为利害性对象,原有的审美关系也转为利害性关系。可见,人与水之间的审美关系是以人与水之间的利害关系为前提、为前身的。如果不是水对人有利,如果人没有对水的认识,就不可能结成两者间的审美关系。这完全是人的现实生活的自然表现,无须任何存在论意义上的逻辑设定。

概而言之,审美关系不能由人为预设的逻辑概念所生,审美关系的前提和前身是利害性关系及一般认识关系。审美关系和审美主客体这三者必定是同时发生、同时结成的,不能有任何一方是"逻辑上在先"。以"审美关系逻辑在先说"为美学研究的出发点,不是创新发展,而是不合时宜的倒退。

(三)审美视角

人如果有好的心灵世界,那么对世界或人是审视的视角,对美有敏感的感受。一般地说,人如果对人有爱、有善心,以正面审视,那么他看见的是人的美好的一面,发现的是人性之美,感受的是人的精神之美或灵魂之美,体会的是人的理性之美与思想之美。

不同的人有不同的经历,同时不同的人也有不同的文化修养。对于一般人来说,他存在人性的善,但有时存在人性的恶,当善在生发时,或者当人感受人的善时,人就会感受善的美,体会人的爱。但是受到恶的刺激,或者当恶性在显现时,人就会看见人的丑陋,就会体会到人性的恶,或许大多数人是处于这种生活场景。

有时人如果受到恶的严重伤害,一个人心中或许就会存在仇恨,对人的观察会有敌视的倾向,因此看见的是人的丑陋,而且在个人的生活中也会存在灰暗。尽管有时他也会感受到人性的美或善,但时间并不持久,就是说,人的审美的心灵并不持久。

从另一个意义上讲,如果一个人处于苦难之中,如果人的心灵感受的大多是痛苦,其实这时人的内心的善或美仍然存在,对生活之中的美更易感知,更为敏感,但是有时人会为痛苦所扭曲,会有悲苦的心境。

审美视角,就是人以审美的眼光观看世界,这并不是玩世,而是人的一种心境,是人对世界的视角。一般地说,人有对美的向往,人也有爱美的欲求,人也有审美的眼光,只是有时不为人所运用。用审美的眼光看世界,这样对人的生活有意义,对社会生活也有意义。尽管人世间也存在丑,也存在恶,但是不能由于丑或恶破坏了人的美好心灵;人往往是由于受到恶的刺激,就会用异常的眼光审视世界,有时人会过多地看见丑或恶。

当然这同社会环境也相关,如果是好的社会,人会感受到美或善,但是如果是坏的社会,那么人的善会受到遮蔽,人只会受到恶或坏的不良刺激。这也同人的心理、心境、思维方式有关。有的人是分析型、思想型的,而且是属于批判型、怀疑型的,因此会批判现实,揭露人性之恶,这是一个社会的必需或必要,社会也需要有对社会能够客观分析的批判者,否则社会就不能消除丑或恶。但是对于人的生活意义来说,对于人生的把握有时需要审美的眼光,以审美观察世界、感受世界、创造世界,如苏东坡在困境中依然豁达、超迈,这同他的思想修养相关。就是说,人不论生活在什么时代,不论生活在什么社会,而且不论个人的人生境遇是什么,人都需要有美好的心灵,需要用审美的眼光面对世界。

其实有时人往往是在困境或苦难中磨炼自己的意志,提升自己的思想素养和才智,培养自己的良好的性格或气质,激发对美好生活的追求信念。因此,当人的思想修养较高且人生阅历丰富时,对世界、对社会、对人生、对生命就有深刻的认知,这时人会通达,什么都能看得透彻、明白,也可以理解世界或人,也可通达人生或生活。

因此,人即使处于最穷困、最痛苦时,在面对阳光、蓝天、树木时,也会激发起人的美好的心灵,从痛苦中超越出来,从悲苦中走出来,这时人会感受美,也会发现美。

从另一个意义讲,人是有情的,同时人也是有思想的,有情使人在生活中感受不同的情感体验,但是在苦难之中,由于人有思想,人就会试图超越痛苦或苦难,也会苦中作乐。

就是说,人在任何情况下,都要坚持到底,不能放弃,不能向命运低头,如尼采的直面人生,即使是悲剧,也要在悲剧中唱欢歌,也要在悲剧中获取新生,要战胜命运,成为命运的主人,而不是向命运屈服,况且由于人的奋斗创造,由于人的思想通达,人也会把苦难转化为快乐,以审美的视角直面人生。

## 第二节 审美素养和能力

### 一、审美素养

审美素养指人所具备的审美经验、审美情趣、审美能力、审美理想等各种因素的总和。审美素养既体现为对美的接收和欣赏的能力，又体现为对审美文化的鉴别能力和创造能力。

关于审美素养，杜卫认为"审美素养是个体在审美经验的基础上积累起来的审美素质涵养，主要由审美知识、审美能力和审美意识三要素组成"。易晓明则将审美素养界定为"先天的审美倾向以及后天的文化学习不断融合生长的结果，是指人在不断地审美实践、文化学习中所形成的审美观念以及审美感受和创造能力"。张旭萍在考察审美活动的情况下，将审美素养界定为"个体在自然成熟和环境教育等因素的作用下，通过一次次的审美活动，所形成的认识美、体验美和创造美的能力及水平"。

此外，还有研究者对具体某一群体的审美素养的论述，如何齐宗在论述教师审美素养构成时指出教师的审美素养一般由审美观和审美能力两个方面构成，其中审美能力又具体包括审美感受力、审美鉴赏力和审美创造力等基本要素。

这些研究均是研究者基于理论研究推导出来的、具有科学性与逻辑性的操作性定义，并包含了几个共同的特征：强调后天的学习养成，需具备相应的审美能力，能够表现自我审美观念。这些均能够为我们提供有益借鉴。

在具体分析审美素养概念时，可以将其分为审美与素养两个关键词进行理解。素养强调后天的形成与积累，是个体知识、能力及情感态度的集合体。审美素养在素养的共性基础上提出了更为具体的要求，是基于审美的概念内涵以及作为人能够胜任审美活动的必备素养。本节所研究的审美素养是指审美主体在审美经验的基础上内化于个体的支持审美活动的品质，并在真实的审美情境中表现出来的一种综合性特征，是个体所具备的审美经验、审美能力、审美理想、审美价值等各种审美因素的总和。

审美素养不是一个静止而恒定的概念，而是伴随着个体身心成长、基于个体在审美活动中的探索逐渐养成的。审美素养强调的是个体在审美活动中所表现出来的能力，即为人们感受、体验、欣赏、表现、创造和评价美的事物的能力与意识，涉及个体的心理活动和行为表现两大主要方面。一个具有良好审美素养的个体，其审美行为表现可以概括为：持有健康的审美情趣、积极的审美价值观，能够在现实生活中感知、发现美，利用自身积累的审美知识和审美技能来实现审美鉴赏与审美创造活动，从而进一步促进自我发展。因此，本节是在理论研究与实践描述两个层面上对审美素养进行界定的。

如何提升审美素养呢？

首先，培养审美情感，提高审美敏感度。审美情感是主体对客观对象的反映，是对象是否符合主体需要的一种心理反应，是主体与客观对象间的共鸣。审美情感是审活动的基础,如果没有审美情感,就不可能进行真正的审美欣赏和审美创造活动。人的美感能力是在劳动实践中形成和发展起来的,审美情感非凭空而来,同样根源于社会实践与现实生活。它既与先天性的因素有关,如正常的感官是审美发生的先决条件,又与后天的培养有密切关系,而且主要是后天的培养。马克思曾谈到"忧心忡忡的穷人甚至对最美丽的景色都没有感觉;贩卖矿物的商人只看到矿物的商业价值,而看不到矿物的美和特性",为什么忧心忡忡的穷人对最美丽的景色都不感兴趣呢?因为他们处于饥寒交迫中,最急切的要求是解决温饱,维持生存,哪有心情去欣赏美景呢?商人追求的是利益,他们在矿物上看到的只是矿物所能带来的丰厚利润,也不会注意到矿物的美和特性,这样的心境都抑制了审美情感的产生。

  没有审美情感的人,就不会判断真、善、美。没有审美情感,是无法进入欣赏的境界的。有的个体不是以自己的视角去发现美,而是接受与认同某种"权威"的解释,在对美的对象的欣赏中就不可能产生真正意义的情感共鸣。审美情感是一种不同于他人的独特的生命体验。人们只有真正参与到实践活动中,不断拥有自己的感受,才能充分表达出自己的感受。鼓励个体间不断进行平等的对话与交流,使自身的潜能真正表现出来,从而进行审美情感的培养。只有以一种无功利、超脱世俗的心态进入对审美对象的欣赏,我们才能够进一步发现美、欣赏美、创造美,具有审美的敏感度。

  其次,提高审美能力,张扬审美个性。审美情感决定着能否顺利开展审美活动,审美观决定了对审美对象的选择,审美能力影响着对审美对象的理解与感受程度。审美能力,简单而言就是审美评价与判断能力,是对自然、社会、艺术中的事物、现象进行分析时所需要的一种综合素质与能力。它包括审美欣赏能力、审美判断能力、审美创造能力。面对同一审美对象,不同的人获得的美感是不同的。上文谈到,要通过日常生活中情感的升华和审美经验与情感的积淀展开培养审美情感。但自然、社会、生活中美的形态是丰富多样、千姿百态的,有的人善于发现,有的人却不善于把握。西方文艺复兴时期的达·芬奇(Leonardo da Vinci)也讲过"美和丑因互相对照而显著"。这说明美与丑往往混杂在一起,不容易区分。对于部分个体来说,有的正处在人生观、世界观的发展阶段,没有足够的审美经验,再加上当下世俗化、平面化的社会文化风尚的影响,容易在审美判断中出现一些偏差。

  怎样提高审美能力?最重要的就是在健康审美观的指导下,在审美实践中锻炼提高。美由人类所创造,同时也是由人类所欣赏。当你在欣赏美的实践中,你就创造了新的意象,获得了美感。这种美感应用于新的欣赏实践活动中时,对美的理解和感受就会得到深化。这样,审美能力就会得到提高。这要通过各种形式来引导人们在美的海洋中陶冶性情,形成一定深度的审美观念与方法,提高审美水平及对美丑的判断力。其次,还要具有丰富的文化艺术修养,这有助于我们对美的欣赏和创造。如对泰山的欣赏,不同的人会有不同的感受,但如果我们对泰山的文化知识背景有足够的了解,就会获得更深层次的审美感受,即便是具有同样的文化知识背景的人,在对泰山的观赏中也会获得不同的情趣。这就是审美创造性的充分体现,也是审美个性的充分体现。欣赏者通过审美创造、发现、彰显了美,在这种意义上,对美的欣赏也是一种创造,在对美的欣赏中也提高了主体的审美创造能力。

美是生活的最高法则。俗话说,"爱美之心,人皆有之"。审美修养的提高,使人们能发现生活中的美,欣赏身边的美,自觉分辨现实生活中的美丑;使人主动追求美、创造美,用审美的态度观照人类的生命活动,用审美的眼光对待生活,面对人生。从更高的层面来讲,美育不仅仅是学校的责任,全社会的每一个公民都应该自觉地创造美、维护美,确立美的意识,为人类对美的追求创造一个良好的社会文化氛围。

## 二、审美能力

审美能力是从事审美活动所必需的心理特征。正如费尔巴哈所说的:"如果你对音乐没有欣赏力,没有感情,那么你听到最美的音乐,也只是像听到耳边吹过的风,或者脚下流过的水一样。"音乐欣赏是如此,所有的审美欣赏均如此。没有审美能力就不可能使潜在的审美对象在意识中呈现,不可能有审美感受和审美表现,所以也谈不上任何审美活动的发生。因此,审美能力在学生审美素养的构成中处于核心地位。

作为一种特殊的感受力,审美能力可以被界定为审美形式感,并由此与一般的情感相区分。审美形式感不是只关注对象形式而不顾内容的感受力,而是具有特殊含义的美学概念。首先,审美形式主要不是指审美对象的感性材料或外表特征,而是指审美对象的组织秩序与结构关系。从对象上说,形式之所以具有审美意义就在于它具有特殊的组织结构,这种组织结构体现为直观的、蕴涵丰富的审美形式。比如对于一堆石头,艺术家可以把它堆成一个艺术品,这里的关键就是艺术家把石头按一种特殊的组织秩序堆起来,这种特殊的组织秩序就是审美形式,作品的意义也由此而产生。从主体上说,心理活动或经验之所以具有审美特征就在于主体心理以某种独特的结构与活动方式来创造、体验和评价审美形式,主体的这种心理结构和能力就是审美形式感。其次,审美形式感是一种体验和领悟审美对象形式意味的特殊感受力,它与一般的认知能力有别,即它并不是以概念、逻辑的方式来把握对象,而是以直觉体验的方式,在感性的层面上整体性地把握对象的内涵或意味。它同普通的感觉知觉也有根本差异,它不仅仅感知到对象的表面,而且从直觉和想象中直接参透对象的深刻意义。

审美形式感是一种特殊的直觉能力,它既是感性的,又具有深刻的思维品质。法国美学家杜夫海纳(Mikel Dufrenne)从雷蒙·贝耶那里借取了"归纳性感性"一语,来揭示审美感受力既不脱离感性,又"能够抽象"的特征。他指出,审美感受已经有思考的样子了,这种思考就是在感性水平上把握到审美对象的感性的本质或意义,那就是它的感性的组织、感性的统一原则。宗白华这样评论春秋初期的"莲鹤方壶"上站着的那只张翅欲飞的鹤:"象征着一个新的精神,一个自由解放的时代;艺术抢先表现了一个新的境界,从传统的压迫中跳出来。对于这种新境界的理解,便产生出先秦诸子的解放思想。"以审美直觉领悟和创造出来的感性形象具有深刻的象征意义,常常达到极高的哲思水平。所以古今中外不少优秀文艺作品成为时代的镜子,具有非理论著作所能具有的非凡认识价值。

审美能力的另一特征是创造性。审美表现是对象化和形式化的创造性表现，主体如果不能在对象世界中创造与自己心理结构相契合的审美意象，就谈不上任何审美的表现。同时，要真正成为一个有血有肉、意味无穷的审美对象，也需要主体能动的创造性建构。需要指出的是，审美能力的建构性并不与其反映的、认知的属性相悖。因为，审美的反映与认知能力不是一种机械模拟客观世界的能力，它本身就包含着对外来信息的加工处理，具有能动地选择、阐释、变形等性质，而且还包含着强烈的情感投射性质。这就是说，审美的反映和认知能力本身就含有建构性。此外，审美建构能力不是完全脱离客体的主观随意构造，而是以一定的对象存在和基本框架为依据，并受到特定的对象制约的，所以它本身就包含着某种反映和认知的成分。只是与认知能力相比，审美能力的选择、补充、阐释、变形等创造性特点更为突出，更具有价值罢了。人们常说的"一千个观众就有一千个哈姆雷特"，虽强调了审美接受的主体创造性，但哈姆雷特仍作为一个基本的对象制约因素，规范着审美建构的范围和意义，倘若把哈姆雷特当作了贾宝玉，这种所谓的创造性就等同于主观随意性了。正是在这个意义上，我们把审美的创造性建构作为审美能力的另一个显著特征加以强调。

审美能力的创造性特征充分体现了个体审美素养在当代中国的重要价值。我国的美育思想有着注重个体道德涵养的悠久传统，即使到了21世纪，大多数美育理论还是非常重视美育对于个体道德情感提升的作用，而对于美育发展个体创造性的重要作用却论述不多。事实上，审美活动本身具有鲜明的个性化、创造性特征，经常参与美育活动十分有助于培养学生的个性意识和创造能力。在一些欧美国家，艺术教育被明确定义为一种创造性教育；美国的"哈佛零点计划"和"艺术教育国家标准"也充分突出了艺术教育培养创造性人才的重要价值。我们正在努力建设创新型国家，需要培养大批具有创新意识和创造能力的人才，应该充分重视并大力发挥美育发展学生创造能力的独特作用。

审美能力的创造性和表现性是不可分割的整体。表现的冲动是创造的内在动力，并规定着创造的基本方向；创造过程亦即审美情感的释放和升华过程。由此，我们发现审美创造能力的本体论意义，即创造一个超越了物质世界的心理时空，使个体的情感生命得以伸展、抒发、成长和提升。在某种意义上讲，审美能力的提高就意味着个体人生境界的提升，这正是美育的根本目的。审美能力亦是一种理解能力，但这种理解力不同于认知的理解力，它不是以概念为依据或中介，而与情感、想象、创造等因素内在结合，康德（图2-8）称审美能力为"判断力"，认为它以知解力与想象力的协调为特征，以快与不快的情感评判为基准，这是有合理性的。但是，审美理解力又不只涉及上述心理功能，感觉、知觉、记忆等因素均应考虑在内。这样，审美理解力既有整

图2-8 伊曼努尔·康德
（Immanuel Kant，1724—1804年）

体性,又有层次性。然而,体验和创造仍是审美理解力的基本成分,这就决定了它是一种同情(情感分享)式的、感受性的理解力,是一种主体投射性的、阐释性的理解力,所以比知解力要复杂得多,也更具有鲜明的个性化倾向。这种理解力寻求深邃而模糊的意味,而非确定的概念;它具有直觉的性质和幻想的色彩,而不是科学分析和逻辑推论式的;它把主体引入对象之中,在共鸣当中体味其意蕴,而非冷静地做客观分析,与对象了无干涉地剖析其性状。不可否认,审美理解力有某种理性成分,但它常常呈现出感性的形式,有时甚至是无意识的,在感性的状态或过程中获得具有理性意味的深刻领悟。

审美能力作用于审美活动的全过程。在审美活动的发生阶段,其作用主要体现在以下几个方面。首先,敏锐迅速地抓住外在世界中的各种审美信息,并以审美特有的方式进行加工处理。外来的审美信息主要是事物富有特征性的感觉刺激材料,但有时却是某种独特的心理氛围或暗示。在这初始阶段,审美能力如一个高灵敏度接收器,把各种审美信息接收和传送到大脑,再由大脑在知觉水平上对信息进行加工,其直接成果便是具有内在统一性的完整审美形式。其次,对富有特征性的感觉刺激材料做出情绪反应,形成初始的审美冲动,它不仅推动着知觉的加工组织,而且给感觉材料和知觉形式赋予情绪色彩,形成初步的表现。再次,对刺激材料和知觉对象持一种独特的意识态度,即所谓"审美态度"。这种态度作为特殊的意识指向,决定了感知方式乃至整个审美表现、建构和理解的方式,在这个阶段,它是使信息接收与加工进入独特的审美轨道的重要契机。

在审美活动的发展阶段,审美能力的作用主要体现在以下几个方面:一是在知觉形式基础上,调动记忆、想象、情感等心理功能,丰富和完善审美知觉形式,创造出意味深长的审美意象。二是情感随记忆和想象的展开而发展,并投射(移置)于对象之上,使审美意象在某种意义上成为审美主体情感表现的产物。三是在对象建构和主体表现过程中,产生情感畅达舒展的体验,意识到对象建构的方向和主体表现的程度,对这个发展阶段进行有意识地或自动地控制。

在审美活动的完成(或称高潮)阶段,审美能力的作用主要体现为以下方面:一是对审美意象进行体验式的理解,领悟其深长的意味。二是由于审美领悟是情感性和创造性的,所以,领悟到对象的意味便产生全身心的情感自由愉悦。三是使对象的潜在价值得以实现,使主体的审美需要得到满足和提升。

当然,审美活动并不完全依照上述几个阶段按部就班地进行,有时审美主体在感受对象的一刹那就体悟到其意味,有时要经过反复地品味,甚至回复到初始阶段重新开始,以获得恰当的理解。

从个体发展的角度看,审美能力的提高一般有感知、体验和领悟三个阶段。感知能力是初步的审美能力,注重于对象外观,获得感官愉悦。体验能力进入到主体与对象的交流阶段,能产生主客体融合的情感共鸣,获得情感享受。领悟能力则进入到审美对象的深层,把握其内在的意味,获得精神享受。

## 第三节　农业审美的内涵

在现代主义影响下的现代社会,生活的审美化和审美的生活化已经成为社会生活审美的主要趋势,更多的人开始探索城市审美之外的农业审美,而农业的审美性也就成了人们对农业审美价值的追求。

### 一、农业审美的价值

1. 自然价值

自然价值理论是研究人与自然的关系的基本理论,是从最初的人对自然的绝对服从到人主体意识增强,逐渐改造自然、摆脱自然和控制自然的过程。以人本主义为主的人类社会进步的同时也使得人类和自然的关系未能得到很好的调整,人与自然之间的平衡被打破,继而出现环境生态问题将人类从高峰带入低谷,同时也促使人类开始思考人与自然的关系,并将研究主体由人转向自然,认识到自然和人一样具有主体性地位,提出了自然价值理论。这是我们重新审视人和自然的关系的新视角。

现代农业美作为一种人类实践产生的自然风景,它的特点是人化的自然。对自然的改造形成了现在的农业美,对农业审美的理解包含两方面内容:一方面是通过自然的形式表现出的外在美,比如农田的形状、色彩、线条、体积等;另一方面的美的感受来自于自然中物体的内在属性,即农业中自然美的审美过程是随着时间和空间的推移、审美内容和形式的改变而变化的。

(1)生命之美。我国古代思想家认为,大自然是包括一切生命物质存在的世界,这种生命的存在意义是值得作为美学的延伸被欣赏的,人们在对农业进行审美体验的过程中,感受到生命的力量,从而得到极大的精神鼓舞和愉悦。现代自然价值理论更是从人与自然平衡的角度上审视自然,强调自然界中的生命之美。农业的生命美正是在这个基础上的农业审美中的一切自然的植物、动物所具有的生命力给人带来的美感。在我国传统的哲学中,"生"为天道、天命,是宇宙的根本规律,"生"为仁,"生"就是善(叶朗,2009)。审美是对生命真谛的领悟,是对自我的真正发现(王苏君,2003)。这也是我国的艺术家在绘画、音乐、雕塑等艺术品中与展现死鱼、死鸟等作品的西方艺术家的不同之处,对"生"的赞美和观赏使艺术家们期望表达出活泼的、生意盎然的情趣,这也是人对生命向往的主要原因。农业审美的过程中,对绿油油的麦田的喜爱源自象征生命力的绿色和植物挺拔生长的美,这种美可以感动每一个参与审美体验和过程的人;人们喜爱刚孵化出的小鸡、小鸭,因为它们活泼可爱,代表着新生的生命,最能表现出"生意"。人们趋向于对有生命力的事物进行美的感受,主要因为人也是有生命力的万物之一,在生长过程中有着相似性,通过在自然中获得这种相似的体验,是对人的生命的一种肯定和鼓励,带来积极向上的审美观。因此,现代农业的审美,不仅是对自然事物外在的形式美的感受,更注重挖掘农作物和农产品内在存在的美感,以求达到与欣赏者情感的契合而升华的目的。

(2)时空美。现代农业自然美的另一个表现就是在时间和空间上产生的不同的美。农业时间上的美主要体现在植物的季相变化上。根据农作物种类的不同,四季生长状况的不同,来体验时间带来的不同美感(图2-9、图2-10)。

图2-9　春天的稻田　　　　　　　图2-10　盛开的油菜花

对农业空间的审美感受,可以从微观空间和宏观空间两方面来说。不同于建筑空间的理论,农业的空间是以自然的土地和天空为基础的,其空间更具有宏观性。农业的斑块空间受地理位置的影响,在平原上展现为平展、延伸、旷阔的美,而在山地地区,则展现为竖向空间的美,海边的农业美景受海水影响,还展现出了一种动态的美;从微观上说,农业中的农田元素和民居元素都是代表其特点的审美标志物,与城市空间中的标志物建筑相比,这些标志物更能凸显出农业美的特点,比如法国普罗旺斯的薰衣草田,我国传统乡村的民居建筑等。

2. 社会价值

社会价值是个人或组织通过自身的实践活动所发现或者创造社会或他人物质和精神的发展规律和内在矛盾的贡献。与农业的自然美一样,农业的社会美也属于意象的世界,不同的是农业的自然美来自于人化的自然,而农业的社会美则存在于与农业相关的社会生活的方方面面。对农业社会美的体验,来自于人们对自身生活方式的趋同性与重复性。生活中人们常会被人与人之间的交际和利害关系所牵绊,习惯以实用的、功利的眼光看待人和物,因此审美的情感往往会受到限制。人们在体验农业生活中的民俗风情、农耕文化、旅游休闲度假、农事劳动等过程中,都不同程度地超越了原本世俗的功利性关系,回到了自然的原始状态,在此过程中体验美、实践美,找到一个完全属于自我的状态。

(1)劳动者的美。劳动者是农业生活中的主体,因此对劳动者的审美是参与农业景观审美的一部分。从劳动者的风姿和精神面貌可以感受美的来源。人的美是人感性的美,当一个人的言行举止表现出个人的精神面貌、内在心灵的时候,这个人就成了审美的对象(图2-11)。对劳动者孤立的审美,只能表象地猜想景象背后的故事,往往给人更多的空间,但人与社会是有密切联系的,任何人都不能脱离社会而生存,在社会环境中欣赏劳动者,更具有实际意义。例如,农民看到作物丰收时喜庆的神态,表达出了人性朴实善良的一面;劳动中,头顶烈日耕种的农民,表现出了劳动的艰辛。劳动者与土地的关系以及他们和人类生存的关系,使人们对这些劳动的美赋予了更多褒义的词汇,比如"辛勤""朴实""善良"等。

(2)农业生活美。农业劳动者的日常生活是其社会生活中最普遍、最基础的部分,通常对于他们本身来说,这种习以为常的生活内容并不能构成审美的内容,但是对于审美主体的外界人来说,劳动者以及他们的生活方式已经成为审美的对象,具有一定意义的审美价值。例如,农民生活中最常见的播种、收割、养鸡鸭、放牛羊、捕鱼、纺织,等等,这些对于城市中面对机器工作的人群来说,展示的是一个充满情趣的世界。农民的日常生活在很多时候是由于生活的氛围而带给人美感的,这种氛围是一种精神的体现,是人心灵深处所感受到的对美的感触。如"锄禾日当午,汗滴禾下土",就表达出了劳动的艰辛,粮食的来之不易,从而引申出对这一场景的感悟:"谁知盘中餐,粒粒皆辛苦",告诫人们应珍惜劳动成果。不仅我国古代的诗词表现出了对农业生活的审美,19世纪法国画家米勒的《拾穗者》(图2-12),也描绘了农民生活中的普通场景。弯下腰捡麦穗的农妇与远处堆放的麦垛形成对比,农妇们穿着的粗布衣服和笨重的木鞋,说不上高雅,也说不上美丽,她们只是谦卑地弯下腰寻找大地里散落的麦穗,而这幅朴实的画面却带给人一种心灵的感动,它表达的是人与土地之间的密不可分的关系。

图2-11 梵高《农民肖像画》

图2-12 米勒《拾穗者》

(3)民俗风情美。每一个历史时期,不同地区的人民都有自己的生产生活方式。当人民对这种固定的生产生活方式进行审美时,它们就有了审美价值。我国五千年的历史文化和广袤的土地形成了各地区种类繁多的民俗风情,主要表现在:

①饮食。饮食是突出民俗特色的重点内容,在审美体验中,它强调了五官感知中的味觉感受。不同的农业区域,农家的饮食习惯与饮食内容均有差异,甚至于烹调的调料、过程、使用的器具都各不相同。食农家饭,参与者可以品尝到未经过加工的原生态食品、不添加任何化学工业原料的健康食品,同时也满足了人们追求有变化的生活的心理。在这里饮食,不仅仅是吃饭,更是人们心灵以及情感上的沟通,是城市中饭店里满桌的酒菜和西餐厅里的外国菜肴所不能比拟的。

②服饰。农业美中服饰的审美一般是针对少数民族的特殊服装而言的,由于各少数民族自身的文化特色和宗教信仰不同,因此发型、服饰、头饰、布料都有差异。在农业美中对服饰的审美,主要是通过了解不同类型的服装、不同颜色的服装、不同形式的

饰品的服装的意义来进行审美的。有些少数民族的服装和装饰物也是纯手工制品,通过学习它们的制作方法,亲自参与到乡村的生活中,体验当地人的生活习惯,是一种纯粹的体验美。除此之外,穿戴少数民族的特色服装与当地人在一起生活,可以充分体验农业生活。

③传统民居。乡土建筑是指传统乡村聚落中具有地方特色、历史文化的古老建筑,这些建筑保留了多种当地的传统元素,且建筑围合尺度适宜、体量得当、错落有致,形成了很好的空间效果(徐荣,2007)。由于地理位置的不同、气候环境的不同、乡土自然资源的不同,导致依靠当地乡土材料建设的传统民居也各不相同。建筑的形式也是因为充分考虑了不同区域人民的生活习惯和自然条件而有所区别,当参与审美活动的游客居住在传统的民居中时,可以更好地感受到房屋的功能以及人们为了丰富自己的生活创造出的特色装饰品,这个过程是对建筑文化的体验,更是对农业历史发展的学习。

④节日庆典。各个民族都有自己的节日和礼仪,同时还有在不同节日表演的舞蹈、演奏的音乐等。这些反映民族传统风俗的礼仪对于普通的市民来说,是带有很高的欣赏性的,它们使参观游览的人们回到了农业生活的本身,融入了真实的生活世界。这也是普通人意愿中超脱了功利性和实用主义的思想,在平等、祥和的状态下找到了人本存在的意义。人性的回归,是在鲜活的真实场景中感受真实的人和事物。与欣赏电影、绘画、纯音乐不同,现实的画面与参与审美的人共同构成了农业的审美对象,使人强烈地意识到审美的意义。

(4)历史文化美。包含悠久的农业历史文化美是现代农业主题公园的一大特色。农业审美元素向人们展示了农耕文化、地域文化和历史文化,它是对农业审美元素的高度抽象化提炼,也是对地区性农业文化的保护,是对传统的农耕文化的延续。杨凌示范区的农业主题性公园教稼园就是一个包含农业主题元素的农业历史文化农园,其中的后稷人物雕塑是根据农业历史的记载而创造的艺术作品(图2-13)。正是由于后稷的带领,当地的人们在远古的时候就学会了如何耕作土地,园中展示的农耕用具如水车和授时图等艺术化的作品,展示了农业发展的过程,是讲述农业历史和农耕文化的工具。

图2-13 杨凌示范区的农业主题公园

### 3. 生态价值

生态价值是指人类在对生态环境满足其需要和发展过程中的经济判断。简单地说，生态价值就是生态系统的服务功能，是以生态学研究为基础的生物与环境的关系。生态价值的实质是一种基于合理保护下的生态效能的最优化。基于生态价值的生态美，并不是指单纯的自然美，因为它关系到人与自然的生态关系是否和谐。在人与自然的关系中，自然作为人的审美过程中的对象，它具有生态意义。作为一种审美意境，生态美是在一定的时空背景条件下产生的，生态环境作为审美的对象，由生态平衡、秩序、可持续性带给人审美的感受。

对生态美的理解是基于生态美学理论的研究，它是生态学与美学理论的有机结合，即从生态学的方向上研究美学的相关问题，形成具有生态学基础观点的美学理论。现代农业审美所具有的生态美体现在对农业的生产可持续性上考虑了更多的生态学原理，运用现代科学技术成果和现代管理体系，进行高经济效益、生态效益和社会效益的现代化农业生产。对农业自然资源的有效利用体现在合理地规划土地、组织生产上，通过技术手段提高农作物的能源利用率，从而减少能源的投入，增加人们对高产农业的审美。另外，生态手段下的农业废弃物也得到了很好的循环再利用，它是保护生态环境、实现可持续发展的有效途径。以生态经济系统建立的综合农业生产模式，为农业的发展带来了更多的可行性，可以帮助农业在生产过程中达到各种生物与环境的协调适应、优化组合，发挥其潜在的物种多样性和丰富度优势；对于农业美自身来说，是提高其自身价值的有力模式，对农业中生态美的理解可以使生态环境得到保护，农业得到高效的发展。

### 4. 艺术价值

艺术价值是呈现艺术品本身的内在价值，它与审美价值（人们在审美意向活动中表现出来的价值）有着本质的区别。我们所说的艺术美，指的是艺术作品的美，它的产生是依靠艺术家主体的审美认识，再按照一定的美学规律进行创作，来满足人的审美需求。创造艺术美，是艺术家艺术创造的根本目的和最高要求，是艺术家艺术造诣的极致（于永顺，2006）。艺术美是相对于现实美来说的，客观存在的形态展现的是现实美，是第一性的美；而对现实美的反映形态就表现出了艺术美，它是艺术家创造的"第二自然"，属于第二性的美（谢佳宜，2009）。艺术美由艺术内容美和艺术表现美构成，形式是外在的，而内容是内在的，艺术美就是其内容和形式的整体统一。作为美的一种形态，艺术美是现实美在艺术中的体现，也是艺术家对现实生活创造性劳动的产物。艺术美是源于一切艺术品种的美，是艺术家在一定的审美理想和审美实践下，根据美的规律创造的一种综合美。因此，艺术美也是人的实践活动在艺术品中通过艺术形象的表达。在整个农业实践中，农业既是一种活动，同时也产生了具有艺术价值的美，反映了现代农业的审美思想和审美实践，也符合了美的规律，所以说现代农业的美是由自然价值和社会价值融合而成具有艺术价值的艺术之美，它的美也体现了内容、形式及表现的美。

### 5. 生存价值

生存价值是指生态环境的价值，是从地球生物圈角度出发为维持生命系统或人类生存系统而提供的价值，它是通过为人类生存提供各种服务和实现生态功能来实现的，它是自然界物质生产过程所创造的价值。在现代农业审美设计学的发展中，审美也包括了人类生存环境范围内的生物和非生物系统的总和，泛指在一定的地域范围内某种类型的自然景色和风景，在这个角度上讲，农业生产实践也成了一种广义上的风景。比如：①作为劳动对象的农田；②作为生产资料的工具、种子和技术；③作为劳动主体的人；④农业实践的不同阶段。农业审美随着农业活动的不同阶段、不同地域环境、不同耕作方式、不同种植类型、不同农业文化和不同的时空变化形成不同的类型和形态，从而构成不同的农业风景。

现代主义的农业美建立在现代人们的审美意识之上。现代社会科学技术的快速进步，美学思想东西方交流的日益频繁，使人们审美的方式和途径也在产生着巨大的变化。人们在不同的审美理想下，对农业的美已经从自然美转向体验美、田园乡村的农业美、参与劳动的农业美、体现农业文化的农业美，现代的农业元素都成了现代农业美的主要内容。

6. 休闲价值

休闲是人的生命的一种状态和"成为人"的过程。基于现代休闲价值论基础上的休闲不仅是寻找快乐，是一个人完成个人与社会发展任务的主要存在空间，也是人们寻求生存意义的体现，在很大的程度上体现了人类对自身的人文关怀和对真善美的追求。从存在方式和存在的意义角度上来说，人类的活动是一种意义和价值的体现。休闲作为现实存在的一种行为方式，通常只能通过人们内在的意识主导外在行为表达，它由休闲者的自身文化背景、社会角色、宗教信仰和所处的社会环境所决定。休闲所具有的价值内涵表现在对人的存在与人生意义的肯定上。因而，休闲本身是一种文化，一种人类文明程度的标尺，一种价值观。休闲体现了人们的价值观、生活方式和科学文化的传承，成为和教育所类似的一种社会传承方式。休闲本身所蕴含的文化成分就是一种良好的社会形态的缩影和社会价值的传承，这正是休闲价值的体现。理想的休闲必须具有发展性，必须是一个能使人投入其中，不断学习，并使自己有所改变的连续的过程。

在审美多元化的现代社会，休闲化和学习化已经成为一个特征。从这个角度上可以看出，在以艺术价值为目标的审美意识的影响下，艺术与生活的结合成为典雅与平淡之间、形式和内容之间的愉悦，这即是休闲的价值。现代农业审美性在体现现代农业艺术价值的同时，也通过农业文化和农业实践活动体现了一种休闲的价值。在现代农业审美实践过程中，农业实践是审美的本质，审美感受在很大的程度上是以一种"玩"的方式体现审美过程。农业的审美是通过看、听、感受、冥想、联想、畅游的审美方式，最终使身心得到调节与放松，达到生命保健、体能恢复、身心愉悦的目的，最有代表性的就是乡村旅游、农家乐、农业采摘园、农业体验馆等以农业为主题的审美实践。在这样的实践过程中，现代人所追求的是在非劳动及非工作时间内体验现代农业审美带来的乐趣，而体验在这里就成了基于视觉欣赏以外的审美追求。

**二、农业审美的特征**

作为美的一种形式，农业美有其固有的特征，即有别于其他形式美的特征，也即其借以存在和发展的运动方式。

1. 自然美与人工美的融合

自然美是相对于人工美而言的审美类型,是指各种自然事物呈现出来的美,它是社会性与自然性的统一。自然美是由原始的自然的美和人工创造的自然的美构成的。自然美的表现通常是通过自然属性所表达的形式美(色彩美、动态美、朦胧美),自然美常具有联想性,并且是随着时间和空间的变化而变化的。人工美则是由人为主体通过一定的创作形式和工具创造的美。人工美在本文主要指农业生产活动过程中由参与农业的生产者所创造的美。

工业革命以前的传统农业受科学技术、气候条件的制约,农产品的产量、数量、质量等不能满足日益增长的人口的需求。随着科技的发展和社会的进步,农业的高科技应用成为现代主义农业与传统农业的区别之一,通过在农业生产中实现现代化,从而达到满足人们生活的需要的目的,是现代农业生产的一个主要目标。而现代的农业美发展,也要依靠科技的力量。农业生产中使用的高科技生物技术、灌溉技术、土地管理技术、耕种技术等,不仅是人类智慧的结晶,更是人们在历史的发展中不断进步的体现,是对人类自身发展的关注,这就使得科技的发展上升到了审美的精神层面,它们体现的是高科技的技术美。

现代农业科技的快速发展已经将农业和技术这两个部分紧密地联系起来。在农业生产发展的过程中,技术一直是农业得以发展的关键,技术的进步才是农业的进步,技术是现代农业主要的标志。所以说现代农业是自然和技术的结合,而且这种结合的方式也发生了重大的变化,可以说是从宏观到微观,从农业生产到销售和消费。现代农业自然和技术的高度结合,不仅是技术的丰富,也是现代农业审美的主要特征。

2. 生态美与社会美的融合

现代主义下的农业审美中,人们将单纯的农田生态景象与人们的生活劳动的内容相联系,也就是形成了对改造自然所形成的农田美等劳动对象的集合的美。现代主义下的农业美,在保留了原始的农田的同时,在农田周围强调保留具有特定形态的、能反映当地农业特点的聚落形式,并且在塑造农业美的同时,根据不同地区农民的生产生活习惯,对与农业相关的农耕工具和居住区进行合理的保留,力求展现农业的社会美和生态美。

在农业发展的过程中,不仅社会美要依靠科技的力量来支持,生态平衡的维持也需要科技的力量。在传统的农业中,人们对审美的体验主要是单纯地针对土地的形态、色彩以及线条等,往往忽略了形成农业的生态环境。农业在发展的初期,仅仅是利用了自然物的生长、发育、成熟而生产农产品,但往往这一过程更依赖于农业与周围环境所形成的生态系统,良好的生态系统有利用农业更持久、更有序地发展。现代主义思想下的农业审美,从人与自然的关系角度考虑农业生态发展的趋势,更加注重对农业的生态保护,对土地进行科学的检测和管理,使农业生产不仅可以充分利用自然资源,还能保证农产品的数量、质量和经济效益等。生态美与社会美的结合,不仅为农业的审美增加了新的内容,同时,也是现代农业美不同于其他形式美的主要特征之一。

3. 文化美与艺术美的融合

视觉审美的对象所包含的内容随着时间的变化而变化,也随着人类审美意识的变化而变化。不同地区和不同国家因为文化的不同,对农业美的理解也不尽相同,从而对农业美的艺术处理手法也不尽相同。古代时期"天人合一"的自然审美观对我国的环境美学与艺术美学都有很大的影响,老子在《道德经》中提出的"人法地,地法天,天法道,道法自然"就揭示了人对自然的敬意,从这一思想出发,对美的认识不仅意味着主观与客观的融合,而且还意味着感性与理性的平衡,它反映的是道家人本自然的审美思想。

对美学的追求使人类在不断发展的过程中,对自身生活环境的理解产生了巨大的变化。人们开始注重环境中人文历史所带来的内涵美,农业审美从传统到现代的过渡,反映的是每一个时期人类不断进步的结果,在这些过程中产生的农业文明历史,对现代主义的艺术发展产生了积极的影响。现代主义的艺术设计,追求的是人的更高的精神层面,艺术美往往以抽象的、解构式的形式来表达,这就使得传统农业的审美内容由自然美上升到艺术美,这种艺术美不仅仅是形式上的美感,比如抽象化的农业耕作工具雕塑、体现形式感的民居装饰物,而且还是包含了文化内涵的文化美,这种农业美将农业的文化历史以艺术的形式表现出来,展示的是人类对于农业美的新的认识和对艺术美的阐释。

### 三、农业审美的鉴赏力

美的欣赏既有共性,也有个性,要欣赏农业美,既要具备一般的审美鉴赏力,也要具备农业审美鉴赏力。

1. 农业审美鉴赏力的内涵

要了解农业审美鉴赏力,必须先了解审美鉴赏力。所谓审美鉴赏力,也称审美趣味,指的是人们认识和评价美、美的事物和各种审美特征的能力。由于审美鉴赏力主要是在艺术创造和艺术欣赏中形成和发展的,因此,有时也称作"艺术鉴赏力"或"艺术趣味"。审美鉴赏的过程是一个由感性到理性的不断反复的过程,审美鉴赏力则是实践活动的结果。

显然,所谓农业审美鉴赏力,就是人们认识和评价农业美和农业审美特征的能力。农业审美鉴赏力只能在农业美的创造和欣赏中形成和发展。同样,农业审美鉴赏的过程是一个对农业美的认识由感性到理性的不断反复的过程,农业审美鉴赏力则是农业生产实践活动的结果。

2. 农业审美鉴赏力的特征

作为一种特殊的审美鉴赏力,农业审美鉴赏力既具有共性,又具有个性,具体可归纳为如下三点:

(1)审美性。所谓审美性,就是农业审美鉴赏力首先应该是一种审美的能力,这是农业审美鉴赏力与一般审美鉴赏力的共同之处。作为审美性,首先应该是一种认识美的能力,即能够认识什么是美,什么不是美。当然,美与丑之间并没有必然的、严格的界限。不过,一般来说,美与丑却有一种认同,一种心灵上的认同,表述起来就是:合目的性和合规律性相统一的事物,就是美的事物。作为审美性,其次应该是一种评价美的能力,即能够评价美的程度,也就是能够评价是一般之美,还是比较之美,或是非常之美。当然,美的程度也没有必然的、严格的界限。但一般来说,美的程度却有一种认同,一种心灵上的认同,表述起来就是:合目的性和合规律性统一得越好的事物,就是越美的事物。作为审美性,最后还应该是一种了解美的能力,即能够了解美的所在,也就是为什么美,为什么不美,美的缘由在哪里,不美的缘由又在哪里;为什么这么美,为什么不那么美,这么美的缘由在哪里,不那么美的缘由又在哪里。抽象地说就是:能够了解事物合规律性和合目的性是否相统一及其相统一的程度。

(2)农业性。所谓农业性,就是农业审美鉴赏力应该是一种认识农业的能力。农业审美鉴赏力面对的对象是农业,因此,它应该是一种认识农业的能力。这是农业审美鉴赏力与一般审美鉴赏力的根本区别。例如,只有懂得作物丰产长相的人,才能知道面前的作物的长相好不好,丰产不丰产,才能鉴别出面前的作物长得美不美;因为只有丰产长相的作物才是美的作物,才是长得美的作物。众所周知,徒长的作物虽然长得青枝绿叶,但往往好看不好用,不丰产。显然,若不具备认识农业的能力,就会误认为徒长的作物是长相好的作物,是丰产的作物,是美的作物。作为农业审美鉴赏力,认识农业的能力应包括如下几方面:一是认识田园的能力,即认识田园是不是高产、稳产田园的能力;二是认识作物长相的能力,即认识作物长相是不是丰产长相的能力;三是认识作物生长过程的能力,即认识作物生长发育各阶段是否正常的能力;四是认识作物栽培过程的能力,即认识作物栽培的各环节是否科学的能力;五是认识作物季节的能力,即认识作物栽培及其生长发育是否符合季节要求的能力;六是认识大农业的能力,即不但认识种植业,而且认识林业、牧业、渔业、加工业、流通业。

(3)自然性。所谓自然性,就是农业审美鉴赏力还应该是一种认识自然(特别是认识农业自然资源)的能力。农业生产离不开自然资源,它是自然再生产的一种过程。农业美也离不开自然资源,它以农业动植物及其赖以生存和发展的土地、田园、水域和环境,乃至整个农村地区为载体,因此,农业审美鉴赏力还应该是一种认识自然(特别是认识农业自然资源)的能力;或者可以说,只有具备认识自然(特别是认识农业自然资源)的能力,才能认识、评价农业美,才能算是具备农业审美鉴赏力。例如,当你走到田园的时候,你往往会看到两种现象,抑或是四周环境绿草如茵,抑或是四周环境一片光秃。这时,对一个具备农业审美鉴赏力(特别是具备认识自然能力)的人来说,他就会认识到,四周环境绿草如茵是植被状态好的表现,是优美的环境,有利于农业生产,是一种美;四周环境一片光秃是植被状态不好的表现,往往水土流失严重,是不好的环境,不利于农业生产,不是一种美。而对一个不具备农业审美鉴赏力(特别是不具备认识自然能力)的人来说,则未必有这样的认识。作为农业审美鉴赏力,认识自然的能力应包括:一是认识自然基本知识的能力,即认识什么是土壤、气候、水、生物等;二是认识自然运动规律的能力,如认识气候一年四季变化的规律;三是认识自然与农业关系的能力,如作物生长发育对气温的要求等。

# 第三章
## 现代农业审美概述 >>>

### 第一节 现代农业审美的特征

作为美的一种形式,现代农业审美有其固有的特征,即有别于其他形式美的特征,也即其借以存在和发展的运动方式。毫无疑问,现代农业审美的特征有许多,综合概括基本有八个,即生命性、实物性、果实性、动态性、自然性、生态性、艺术性和综观性。

**一、生命性**

所谓生命性,就是现代农业审美主要通过有生命的载体来表现的特征。

现代农业审美的主要载体——农业动植物是有生命的。从现代农业审美的概念可知,现代农业审美以农业动植物及其赖以生存和发展的土地、田园、水域和环境,乃至整个农村地区(包括农村地区的道路、城镇、集市、村庄、厂矿和自然环境等)为载体。在这里,尽管载体有许多,但主要的是农业动植物。众所周知,农业植物指的是水稻、甘蔗、棉花等农作物,香蕉、菠萝、荔枝等水果,以及桉树、木麻黄、杉等树木;农业动物指的则是猪、牛、羊等家畜和鸡、鹅、鸭等家禽。这些农业动植物都是有生命的,它们通过本身的特征、造型和群体的样貌以及与相关物体的协调来表现现代农业美。

现代农业审美的载体之一——田园林带和田园周围植被,也是有生命的。田园林带一般是桉树、大王椰和水杉等树木。田园周围植被往往是当地气候条件下自然生长着的杂草和灌木,如热带和亚热带地区往往生长着蜈蚣草、华三芒和穗画眉草等杂草和九节木、酒饼叶、山石榴等灌木;当然,往往也生长着一些当地典型的乔木,如热带和亚热带地区往往生长着苦楝、厚皮树和樟树等乔木。这些植物同样是有生命的,它们也通过本身的特征、造型和群体的样貌以及与相关物体(特别是与田园)的协调来表现自然美和农业美。

在现代农业审美的载体中,也有一部分载体是没有生命的,如田园的沟渠、道路、田埂和生产设施(如机井、水池、田园房屋和大棚等)以及农村地区的土地、道路、集市、村庄和厂矿等。然而,在表现现代农业美时,这些非生命载体必须以农业动植物这一生命形式为主旋律,即必须围绕农业动植物这一生命形式来展开,既要做到有利于农业动植物的健康成长,又要做到在外观上与农业动植物协调一致。例如,田园的沟渠既要有利于灌排水,又要分布合理、成型美观,还要与农业动植物构成一个美观、和谐的统一体。否则,便会失去现代农业审美之载体的意义或形不成现代农业美。

现代农业美具有生命的特征,是其与其他大多数形式美的一个根本区别。建筑美通过建筑物来表现,建筑物(如茅屋、瓦房、楼房等)没有生命;工业美通过工业产品来表现,工业产品(如电冰箱、洗衣机、电视机等)大多也没有生命;工艺美通过工艺产品来表现,工艺产品(如陶瓷、丝织品、竹制品等)同样没有生命;书画美通过书画来表现,书画(如书法、素描画、水彩画等)还是没有生命;等等。当然,在审美形式中也有像现代农业审美一样具有生命特征的,如园林美和盆景美等,其审美载体也有植物等生命形式。就这一点来说,它们是相同或相似的,但在其他特征方面它们却又不同。

### 二、实物性

所谓实物性,就是现代农业审美通过客观的、具体的实在之物来表现的特征。

表现现代农业审美的实在之物有农业动植物及其赖以生存和发展的土地、田园、水域和环境,乃至整个农村地区(包括农村地区的道路、城镇、集市、村庄、厂矿和自然环境等),即现代农业审美的载体。

现代农业审美的表现必须直接通过这些客观的、具体的真实物体,即现代农业审美的载体来表现。例如,果园美的表现,是通过果园中的果树的茎、枝、杈、叶、花、果,果园中的园地、田埂、沟渠、林带、道路、生产设施以及果园周围的自然环境,这些客观的、具体的真实物体及其相互间所形成的协调、和谐的造型来凸显的,而不是通过其他仿造的东西来表现的。具体地说,果树就是真正的果树,而不是人工仿造的假果树;果园就是真正的果园,而不是人工仿造的假果园;沟渠、林带、道路、生产设施就是真正的沟渠、林带、道路、生产设施,而不是人工仿造的假沟渠、假林带、假道路、假生产设施;等等。

现代农业审美的实物性,是其与其他审美形式明显不同的一个特征。例如,一幅桃花画,其所表现的桃花美是通过画家的笔在画纸上把各种线条、色彩有机、形象地组合起来而表现出来的,并不需要开花的桃树这一真实物体,甚至画上的桃树比实物形式的桃树还要美。又如,一尊人物雕像,其所表现的人物风貌是通过雕塑家用雕塑工具在石头上雕刻形成的,而并不需要实实在在的人,甚至人物雕像上的人比实实在在的人更具典型性、代表性。再如,一部描写乡村风情的乐曲,其所表现的乡村风情是通过音乐家用乐谱表达出来的,并不需要实实在在的乡村风情,甚至乐曲中的乡村风情比实实在在的乡村风情更有诗意、更优美、更动人,如此等等,举不胜举。当然,这并不是说这些审美形式可以脱离实在之物。事实上,这些审美形式之创作都源于客观实在。这里说的是这些审美形式在表现其美之时不一定要依附真实物体而独立地存在着。

### 三、果实性

所谓果实性,就是现代农业审美通过农业动植物的果实来表现的特征。

这里的果实不是狭义的果实,而是广义的果实,指的是农产品,包括:一是籽实,如水稻、小麦、玉米等;二是果实,如香蕉、荔枝、龙眼等;三是叶片,如香茅、芦荟、剑麻等;四是茎秆,如甘蔗、竹、树干等;五是块根,如番薯、木薯、萝卜等;六是花朵,如无花果、菜花、菊花等;七是畜牧产品,如猪、牛、羊、鸡、鹅、鸭等;八是水产品,如鱼、蟹等。

## 第三章 现代农业审美概述

毫无疑问,现代农业审美与农业动植物的果实关系十分密切,甚至可以说,现代农业的审美程度与农业动植物的果实产量、质量成正相关。因为现代农业审美虽然与农作物的茎、枝、杈、叶、花、果及其造型有关,与畜牧产品、水产品的外形有关,但是最终都必须通过果实表现;或者可以说,农作物的茎、枝、杈、叶、花、果及其造型,以及畜牧产品、水产品的外形,都仅仅是过程或衬托,果实才是归宿或核心。可以想象,再美的植株,再美的群像,再美的造型,到了收获季节,若不是果实累累,都不会给人以美感,也不会唤起人们的美感;只有果实累累,才会给人以美感,也才会唤起人们的美感;或者可以说,果实越多,其越美。例如,水稻长相再美,到了收获季节,若穗小谷少产低,都不会唤起人们的美感;只有穗大谷多产高,才会唤起人们的美感。又如荔枝,即使青枝绿叶,即使株型优美,到了收获季节,若果实稀少,仅零星可见,也不会唤起人们的美感;只有果实累累,挂满枝头,才会唤起人们的美感。

现代农业审美的果实性是其与其他形式美不同的一个特征,特别是其与也具有生命性的其他形式美不同的一个特征。例如,盆景艺术也通过有生命的植物来表现美,但其追求的是植物的艺术造型,其造型的艺术性越强,越能唤起人们的美感,而往往并不在乎植物果实的有无和多少,有时仅仅讲究果实的点缀作用。读到此,大家也许会举出一个好似足以反驳的例子,即人们非常熟识的年橘。的确,人们在过年时都喜欢买一两盆年橘置于庭院或房间,以象征吉祥。所买之年橘几乎都是追求其果实的多少,橘子越多,越吉祥,越美。但请大家注意,年橘之橘子和橘园之橘子具有不同的含义,前者几乎仅仅是为满足人们的审美需求,后者则不仅为满足人们的审美需求,还为满足人们的营养需求和品尝需求,即前者几乎仅仅是审美产品,后者则不仅是审美产品,还是物质产品。因此,年橘橘子之美与橘园橘子之美是两种完全不同的形式美,前者属盆景美,后者属现代农业审美;或者可以更准确地说,年橘之橘子并不是现代农业审美所指之果实,橘园之橘子才是现代农业审美所指之果实。再而,一个更接近现代农业审美的例子——园林艺术。如果说盆景是浓缩的园林的话,那么可以说园林就是放大的盆景。园林艺术同样也在很大程度上通过动植物,特别是植物这些生命形式来表现美,就个体来说其所追求的与盆景艺术是基本相同的,其区别在于园林艺术更强调园林中各种动植物,特别是植物的协调统一,即整体艺术效果。不过,就果实性这一点来说,园林艺术和盆景艺术是基本相同的,即都不在乎果实的有无和多少,即使追求也是从点缀作用的角度考虑的。

### 四、动态性

所谓动态性,就是现代农业审美从内容到形式总是处在不断变化之中的特征。

现代农业审美之所以具有动态性是基于如下两个原因:一是现代农业美是农业生产活动及其结果的外在表现。农业生产活动总是根据市场、季节来进行的。随着市场、季节的变化,农业生产活动势必发生相应的变化,因为只有这样,种植的作物才会在适合的气候条件下健康成长,生产出来的产品才会符合市场的需要,从而才会完成市场的交换而实现价值。由此,农业生产活动的结果势必随着农业生产活动的变化而发生相应的变化。例如,市场需要香蕉时,香蕉销售走俏;市场需要菠萝时,菠萝价格叫好。

又如，各种花卉开花季节不同：一月梅花，二月兰花，三月桃花，四月蔷薇，五月石榴，六月荷花，七月栀子，八月桂花，九月菊花，十月芙蓉，十一月水仙，十二月蜡梅。二是现代农业美主要以农业动植物这一生命形式为载体。农业动植物是有生命的，每时每刻都在运动着、生长着，细胞在分裂，营养在运送，叶片在伸长，茎秆在拔高，花穗在吐艳，果实在成熟。而在不同地区，作物的生长期不同。例如，热带、亚热带地区的早稻，一般于2月中旬播种，3月下旬至4月上中旬插秧，4月中下旬分蘖，5月下旬至6月上中旬抽穗扬花，6月下旬至7月上中旬成熟。

由于以上原因，现代农业审美表现出动态性，具体如下：

一是不同生产季节现代农业美的表现形式不同。例如，热带、亚热带地区的早稻，2月中旬至3月下旬是秧苗期，主要通过秧苗，特别是秧苗嫩绿而整齐一致的叶片来展现现代农业美；3月下旬至4月中下旬是转青期，主要通过秧苗返青来表现秧苗的生命活力，从而展现现代农业美；4月中下旬至5月上中旬是分蘖期，主要通过水稻的茁壮成长来展现现代农业美；5月下旬至6月上中旬是抽穗扬花期，主要通过稻穗的抽出和花序的凸出来展现现代农业美；6月下旬至7月上中旬是成熟期，主要通过挂满枝头的穗穗稻谷来展现现代农业美。

二是非生产季节现代农业美的表现形式不同。农作物按生长期的长短可分为两种，一种是短期作物，一般指生育期在一年以内（含一年）的作物，如甘蔗、水稻、花生等；另一种是长期作物，一般指生育期在一年以上的作物，如菠萝、芒果、荔枝等。然而，不管是长期作物，还是短期作物，其生长发育总是随着生产季节的开始而开始、结束而结束，长期作物的生育期不外上十年、几十年，如果树等，短期作物的生育期则一年半载，甚至2~3个月，如水稻、瓜菜等，即总会随着生产季节的结束而进入非生产季节。显然，这时田园的最大特点就是没有农作物。因此，这时现代农业审美的表现只能通过没有农作物的田园的田地、田埂、林带、沟渠、道路和生产设施等的造型、布局和协调来表现。例如，国家农业综合开发办公室建设的农业综合开发项目区田块成型，道路、沟渠、林带、电网等设施配套、讲究，即使收获了农作物，田园之美仍然透现。

三是不同类别现代农业审美的表现形式不同。出于对市场、季节和轮作等因素的考虑，不同类别往往不同。例如，"稻—稻"耕作制向"稻—稻—菜"耕作制的转变，再向"稻—菜—菜"耕作制的转变，就使现代农业审美的表现形式随着耕作制的转变而发生了根本性的变化。"稻—稻"耕作制展现的是一年内都是水稻美，具体则是早稻美、晚稻美；"稻—稻—菜"耕作制展现的则是早稻美、晚稻美、蔬菜美；"稻—菜—菜"耕作制展现的则是早稻美、夏秋菜美、冬菜美。

四是不同时期现代农业审美的表现形式不同。在一个相对较长的时期内，随着生产力水平和科技水平的提高，农业生产条件往往会得到改善，抑或是土地的，抑或是沟渠的，抑或是林带的，抑或是道路的，抑或是其他生产设施的，从而使现代农业审美的表现形式发生相应的变化。例如，原为单一型的田园美，由于实行田园林网化，则变成林网型田园美，又由于在田园上建设相应的、必要的农业生产设施，如田园房屋、机井房屋、水池、喷头和大棚等，则又变成混合型田园美。

现代农业审美所具有的动态性,在其他形式美中则往往不一定具有。其他形式美的非动态性在一般的或纯粹的艺术美中表现得尤为突出、明显,例如,艺术作品一旦创造出来,其艺术美便伴随着艺术作品的存在而存在,只要其所依附的艺术作品不被破坏,其所表现的艺术美便可存在上十年、上百年、甚至上千年。如两千年前建造的万里长城、秦兵马俑至今仍风韵犹存;名画《清明上河图》(图3-1)和名著《红楼梦》(图3-2)等也不例外,其艺术魅力穿越时空,中外咸宜,古今关注。

图3-1 《清明上河图》

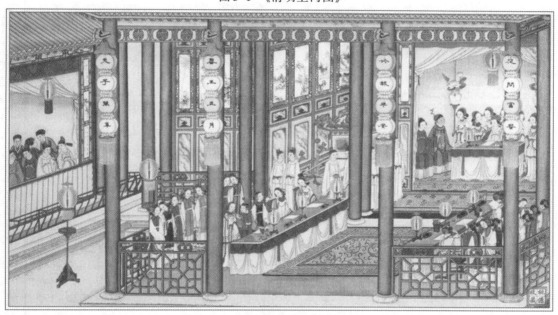

图3-2 《红楼梦》插图

## 五、自然性

所谓自然性,就是现代农业审美以大自然来衬托以及农业动植物和田园必须与大自然和谐统一、互相融合的特征。

首先,田园四周的自然环境是现代农业审美必不可少的组成部分之一。由现代农业审美的概念可知,田园四周的自然环境也是现代农业审美的载体之一。尽管现代农业审美的核心是农业动植物,但不可能缺少、也缺少不了田园四周的自然环境;否则,现代农业审美就不完整、不完美。事实上,没有田园四周的自然环境的现代农业审美往往是不存在的。因此可以说,田园四周的自然环境是现代农业审美必不可少的组成部分之一;现代农业审美正是在田园四周的自然环境的衬托下才显得更完整、更完美。

其次,农业动植物和田园必须与大自然和谐统一、互相融合。一方面,农作物的种植、牲畜的放养、田园的开垦以不破坏大自然为度。例如,对坡度较大的山地应顺着坡势开垦成梯田,而不应大动干戈地平整。又如,对草地的放牧应以不影响草地的再生能力为度,而不应过量。再如,对瘦瘠、石砾较多的山地应植树造林,而不是开垦成耕地。另一方面,农业动植物和田园与大自然之间的关系应符合自然规律,即农业动植物和田园应寓于大自然之中,并让现代农业审美从大自然之中凸显出来,构成一幅自然之美。形象地说就是,让人们在欣赏现代农业审美的时候,尽可能少地看到人工的痕迹。具体的例子如看到作物时,好似不是人工种植的,而是自然生长的;看到牲畜时,也好似不是人工放养的,而是自然野生的;看到田园时,也好似不是人工开垦的,而是自然形成的;等等。

现代农业审美的自然性在其他形式美中大多也不具有。茅屋、瓦房、楼房等建筑物是建在大地上的,但这些建筑物所表现出来的建筑美并不一定需要大地来衬托;电冰箱、洗衣机、电视机等工业产品所表现的工业美,陶瓷、丝织品、竹制品等工艺产品所表现的工艺美,书法、素描画、水彩画等书画所表现的书画美,就更不需要大自然来衬托了。看到此,读者自然会问,山水画不正是以大自然为素材来描绘的吗?的确不错,但山水画一旦形成,它在展现其美时,并不是放在大自然之中,或并不需要大自然来衬托,而是往往悬挂在展厅中就能表现其美了。

## 六、生态性

所谓生态性,就是现代农业审美通过农业动植物、田园和自然环境及它们之间的生态平衡来表现的特征。

首先,现代农业审美通过农业动植物的生态平衡来表现。农业动植物的生态平衡主要有三方面表现:一是农业动植物的物种的保护。这主要体现为名、优、珍、稀农业动植物,特别是珍稀农业动植物的保护。据报道,地球上有500万~1000万个动植物种,其中约有160万个物种由于人类活动造成的环境恶化而濒临灭绝。例如,缅茄、毒箭和熊猫、虎等珍稀动植物。动植物种若得不到有效的保护而灭绝,不但使生态失去平衡,而且使现代农业审美减少了一些大自然所赋予的载体。二是农业动植物的种性的保持。农业动植物经过一段较长时间的利用后,其种性往往会退化。例如,水果连续收获5年后其品质往往会变劣。显然,变劣了品质的果树是难以唤起人们的美感的。又如,水稻栽植多年后,往往也会退化,出现公孙稻、病害株、秕谷穗。很显然,退化了的水稻也是难以唤起人们的美感的。三是农业动植物的结构的优化。人们对农产品的需求在一定的时期内是一定的,也是成一定比例的。世界卫生组织(WHO)建议的膳食指南是:在三大营养物质提供的总热能中,蛋白质占12%、脂肪占30%、碳水化合物占58%。沈治平的分析表明,2000年我国人均膳食构成是:加工粮132千克、薯类36千克、干豆类18千克、植物油6千克、食糖6千克、肉类30千克、鱼类9千克、蛋类2千克、奶类30千克、蔬菜120千克、水果20千克。因此,农业动植物的结构只有符合人们的需求,人们才会形成一种满足感、丰富感、实在感;否则,一些特别多,一些又特别少,便会给人一种过盛感、稀缺感。前者无疑是美的感受,后者却是不美的感受。

其次,现代农业美通过田园的生态平衡来表现。田园的生态平衡也主要有三方面表现:一是田园地力的保持。田园经过开发利用后,若不给予相应的保护,其地力往往会衰退。根据1998年的数据显示,我国水土流失面积占总面积的13.5%,沙化面积占总面积的11.4%,农药污染的耕地占总耕地的1/7,耕地总面积的59%缺磷、23%缺钾、14%磷钾俱缺,耕层浅的占26%,土壤板结的占12%。显然,地力衰退的田园不会给人以美感,也不会生长出足以唤起人们美感的健康的农作物。二是田园地力的提高。高产田不但会给人以美感,而且会生长出唤起人们美感的健康的农作物;而中低产田则不能。据报道,目前我国中低产田占总耕地面积的70%左右。因此,提高中低产田的地力任重而道远。三是田园结构的优化。不同类型的田园宜种性不同,水田宜种水稻,坡地宜种甘蔗,即田园是生产和提供相应农产品的基础。因此,不同类型的田园的结构只有符合农作物种植的需求,才能生产和提供满足人类不同需求的农产品。目前,我国土地资源的状况是:山地多、平原少、耕地比重小,分别占全国土地总面积的2/3、1/3和1/10。显然,这与农业的发展是不相适应的,是不甚美的表现,应加以优化。

再次,现代农业美通过自然环境的生态平衡来表现。自然环境的生态平衡同样有三方面的表现:一是野生动植物的物种的保护。这一点类似于农业动植物的物种的保护,故不再展开谈。二是水土的保持与植被的保护。水土流失、植被破坏的自然环境是不美的,只有水土保持原有风貌、植被覆盖率大的自然环境才会给人以美感。三是自然环境的绿化、净化、美化。自然环境仅仅保持原有的水土风貌,仅仅有较高的植被覆盖率,还不能实现高水平的生态平衡,还不能满足人们的审美需求,只有达到绿化、净化、美化的境界,才能实现高水平的生态平衡,才能满足人们的审美需求。

最后,现代农业美通过农业动植物、田园和自然环境之间的生态平衡来表现。这一点类似于现代农业审美的自然性中的农业动植物和田园必须与大自然和谐统一、互相融合,故不再展开论述。

现代农业美的生态性,在其他形式美中大多也不具有。书画美、音乐美、舞蹈美、戏剧美、电影美、服饰美等之中都不太存在生态问题。不过,建筑美、雕塑美和工业美等之中则存在生态问题,具体表现于建筑物、雕塑、工厂对环境的影响和与环境的和谐统一、互相融合;而园林美和城市景观美等之中则生态问题较突出,但都不如现代农业审美中之明显、范围之广、内容之多、关系之密切。

## 七、艺术性

所谓艺术性,就是现代农业审美必须通过艺术的创造,使其符合美学规律的特征。

现代农业审美的艺术性,是现代农业审美与其他形式美的普遍共性,也是美学农业与一般农业的根本区别。

现代农业审美的艺术性,具体包含如下两层含义:一是通过艺术的创造,使现代农业审美的载体由自然的载体变成人化的载体。由现代农业审美的概念可知,现代农业审美的载体有许多,有农业动植物,有农业动植物赖以生存和发展的土地、田园、水域和环境,有整个农村地区的道路、城镇、集市、村庄、厂矿和自然环境,等等。然而,在未从现代农业审美的角度考虑之前,这些载体基本上都是自然的载体,即基本上都仅仅是因自身的存在和发展需要而创造的载体,具体就是,农业动植物就是农业动植物,土地、田园、水域和环境就是土地、田园、水域和环境,农村地区的道路、城镇、集市、村庄、厂矿和自然环境等就是农村地区的道路、城镇、集市、村庄、厂矿和自然环境等,不考虑或没有意识地考虑人的审美需要,对于是否宜人,是否使人觉得舒服,是否符合人的审美需求这些要求,不过问,或很少过问,或没有意识地过问。但是,在创造现代农业审美的时候就不同,这些载体的创造就要考虑或要有意识地考虑人的审美需要,使其宜人,使其使人觉得舒服,使其能符合人的审美需求。农业动植物就不再仅仅是自然的农业动植物,而是人化的农业动植物,土地、田园、水域和环境也不再仅仅是自然的土地、田园、水域和环境,而是人化的土地、田园、水域和环境,农村地区的道路、城镇、集市、村庄、厂矿和自然等同样不再仅仅是自然的农村地区的道路、城镇、集市、村庄、厂矿和自然等,而是人化的农村地区的道路、城镇、集市、村庄、厂矿和自然等。用美学术语来表述就是,使这些载体由审美客体变成审美对象。二是艺术创造贯穿于现代农业审美的所有载体。现代农业审美是一个整体美,是一个由若干载体为组成成分构成的整体美,因此,在创造现代农业审美载体的过程中,从作物的茎、枝、杈、叶、花、果所形成的造型,到田园的方圆、沟渠的尺寸、林带的宽窄、道路的分布、设施的安排,到田园周围环境的植被、树木等的协调,到农村地区的道路、城镇、集市、村庄、厂矿和自然环境等的统一以及它们之间的关系,都应该是艺术手法创作下所产生形成的符合美学规律的结果,并应是由同一艺术风格连接起来的具有相应美学特点的整体。只有这样,所形成的景观才是美的景观,所形成的美才是现代农业审美,或者可以说,才是富有特色的完全的现代农业审美。坐落在湖南省攸县上云桥镇的地杰度假村就是一个园艺化的农庄,占地746亩,集种植、养殖、品果、垂钓、观光、娱乐、休闲、餐饮、居住于一体。农庄内视野开阔,空气清新,此起彼伏、布局合理的山丘上,葱绿满眼,鲜果满坡,建筑优雅,绿水青坡,景色宜人。

### 八、综观性

所谓综观性,就是现代农业审美包含农业方方面面的特征。

现代农业审美不仅反映作物植株中根、茎、枝、杈、叶、花、果的协调统一,而且反映作物植株间的协调统一;不仅反映田园中田块间、不同田块作物间的协调统一,而且反映田园中园地、沟渠、林带、道路、设施间的协调统一;不仅反映大地中田园与周边自然环境间的协调统一,而且反映农村地区中田园、城镇、集市、村庄、厂矿、道路和自然间的协调统一。

以上仅是内涵上的现代农业审美,外延上的现代农业审美还包含农业生产行为中的协调统一,如人力投入、技术投入、资金投入和物资投入的协调统一;包含作物栽培过程的协调统一,如备耕、栽植、施肥、灌水、防治病虫害、收获的协调统一;包含农业生产过程的协调统一,如生产、加工、销售的协调统一;包含农业结构的协调统一,如作物结构、生产结构、局部与整体的协调统一;包含农业生产目标的协调统一,如农业物质产品与农业审美产品,目前利益与长远利益,经济效益、社会效益与生态效益的协调统一。近年,广西建成了我国最大的甘蔗生产基地、优势区域,成为我国农作物相对集中的典范。

现代农业审美的综观性,在其他形式美中抑或是没有的,抑或是少有的,抑或是没有如此复杂的。因为其他形式美涉及的范围没有这么广,涉及的内容没有这么多。

## 第二节　现代农业审美的基本规律

自有农业以来,农业就是人类的命脉所在。我们吃的食物、穿的衣物都来自农业,人类一直将农业放在重要的位置上,直至今天。不管是我国,还是其他国家,对农业的重视从来多是站在物质功利的立场上的。人们最为关心的是如何多生产粮食,多生产棉花,多生产猪羊,多生产水果……总之就是如何让农业最充分地满足人们的物质生活与工业生产的需要。人们实在很少考虑到农业还是我们丰富的精神营养,农业中还有美学的存在,那么,农业审美的基本规律又是什么呢?

### 一、自然与文化的统一

人类的发展经过了漫长的阶段。人类生产活动的第一个阶段是旧石器时代,旧石器时代的人类已经学会了说话、制作工具和使用火,正是这种本领使得他们高出于动物而称之为人。但是,原始的人类仍然只能主要靠猎食小型的动物和采集植物为生。在这方面,原始人类与动物并没有根本性的差别。由于人类的这种生产过于依赖大自然的资源,因此,他们不得不分成小群体,过着流动的生活,当一块地方的资源被人类利用得差不多了,就转移到他处。据有关专家研究,在热带丛林或沙漠地带,每养活一名食物采集者需要52～78平方千米的地盘。在经常性的流动生活中,人类的社会不可能得到完善,人类的许多重要的活动如科学活动、技术活动、文化活动也得不到发展,这于人类的进步与发展不利。

需求是创造的动力。当人类迫于生存与发展的需求,将渔猎发展为养殖、采集发展为种植时,一个崭新的时代出现了。人类结束了纯粹靠自然界提供生活资料的历史,而在相当程度上将生存与发展的权利掌握在自己手中。这种掌握自身命运的行为,即是文明,是文化。人类这种最早掌握自己命运的行为体现在养殖、种植活动中,这种活动,称之为农业。这就难怪英文的"culture"原义为"农业",而现代的"农业"一词"agriculture",又以"culture"为词根。

事实上,农业是文化的摇篮。人类的其他活动,包括科学技术活动、手工业活动乃至工业生产活动均是从这个摇篮中培育出来的。

从最早的动物养殖与植物种植过渡到农业革命,是一个漫长的过程。在中东,这一阶段从公元前9500年起到公元前7500年止;在美洲大陆,这一阶段似乎更长,墨西哥特瓦坎山谷是美洲大陆最早的植物栽培中心之一,那里的原始农业从公元前7000年前后开始。我国本土生的植物如黍、高粱、稻、大豆、大麻和桑树等,早在公元前5000年时已作为旱地作物得到种植。中东、墨西哥、我国都是最早的农业发源地,农业后来从中东传播到欧洲。全世界除了极少数地区外,都有农业。就种植业来说,谷物是主要的种植物,现已形成三大谷类植物区:东亚和东南亚的稻米区;美洲的玉米区;欧洲、中东、北非、中亚以及中亚到印度河和黄河流域这一地带的小麦区。

人类的农业生产活动从本质上来说是一种模仿自然的活动。野生水稻是如何生长的?人类通过仔细观察,获得了这方面的知识,于是就有意地创造一种适合水稻生长的环境,让水稻在人工的环境中也能生长。养殖业也是如此,人类在一定的水域放养某种鱼类,是一定知道野生的鱼需要什么样的食物、水环境以及别的生存必须物的,否则便不能成功。

从这个意义上讲,不管是农作物、牲畜还是自然物,它们与野生的同种植物、同种动物在本质上没有区别。农业生产中的创造发明与工业生产的发明创造是不同的。任何发明创造,都是制作出地球上原先没有的新的东西。工业生产中的发明创造基本上无须依托现存的生命事物,而农产品的创造则须依托现存的生命事物,农业生产的对象是种植物与家畜,它们都是生命物。农民可以通过培植一种优于原始自然的人造自然环境,让这些植物与动物生长得更好,也可以采取诸如杂交的手段,创造出地球上原本没有的事物,但都有所依托。养殖中最为成功的产品——骡,只是地球上的自然生命马与驴的结合而已。而马与驴,它们的生命本也是可以结合的,人类只不过是发现了这一自然的规律,并运用这一规律做出了这样的创造。工业品的创造虽然也须遵循自然的规律,但由于不需要以地球上原有的生命为依托,因此自由多了。工业生产创造的景观完全是人工的景观,而农业生产创造的景观却在相当程度上可以汇进自然景观。实际上,它是一种人造的自然景观,农作物的美在其本质中具有特别明显的自然性。

尽管如此,人们还是不能将农业看成是一种纯自然的活动,因为农业毕竟是人的劳作,是人为了自身的需要去培育某些植物和动物;为了达到人的目的,人自觉地按照农作物和牲畜的需要,构建一种更适合它们生活的环境。人的这种目的性以及为实现这种目的而采取的种种手段,就使农业生产明显地具有文化的意义。

审察人类从事农业生产的目的性,是考察农业景观文化性的前提。众所周知,人类的农业生产是人类的一项极为重要的旨在获得生活必需物品(其中主要是食物)的生产活动。可以说,农业直接关系到人的生存。除此以外,农业为人类的其他各项活动提供必需的前提条件。比如,对于工业生产来说,农业提供原料;对于科学研究来说,它是相关的科学研究的实验基地;而对于人类的宗教性活动来说,农业的成果是宗教祭祀的重要物品;对于政治活动来说,拥有多少农业资源是权力地位的保证。在封建社会里,所有的统治者的统治权力都以拥有多少可以从事农业生产的土地、农业生产者和农产品来保证;而从军事活动来说,农业状况如何往往是成败胜负的决定性因素。正是因为农业的状况决定人类的生存发展的命运,因此,无论哪个时代,人们都高度重视农业。处于农业生产第一线的农民可以说背负着的不仅是他个人、他家庭的命运,而且是社会的命运;他的活动体现的不只是他个人的意志,而且还是全体社会的意志,体现着整个社会的生产力水平、科学技术水平。农业的文化性就以这样突出的方式,显示出整个社会的文化水准。在这里,农具的改进也许最能体现农业生产的文化性。就景观的构成来说,农具也许不算是农业景观中的主体,但农具的先进性如何在根本上决定农业生产的规模、农产品的数量与质量,而所有这些感性的外观,极具视觉冲击力地展现在人们的眼前。

在中世纪,人们主要使用木制的农具和耕畜生产,农田只能被分割成一小块一小块的,每一小块土地种植的庄稼不一样,即使是同一种庄稼,由于各家的种植水平不一样,庄稼也长得不一样,这样,呈现在我们面前的大地景观就显得斑斓而有些零乱;而在工业社会,农业生产大量使用机器,土地就有必要连缀成一大片且种植同一种庄稼,这样,大地景观就呈现和以前完全不同的面貌。

农业的文化性也体现在种植和养殖的方式改进上。为了克服气候对农作物的决定性影响,农民通过温室制作一种适合作物生长的小气候。这样,温室中的农作物就出现"二律背反"的现象。从温室内的小气候来说,这种作物的生长是符合自然性的,它遵循着自然规律;然而从地球这个大环境来说,它明显地违反了自然规律。农作物的文化性与自然性在不同的层面上展示着它的合理性。

而从本质上来说,农业生产寻求的是农作物的自然性与文化性的统一,而且必须做到统一;只有两者统一,才能保证农业生产丰收。虽然在人类别的活动中寻求自然性与文化性的统一也是需要的,但是没有哪一种活动如农业生产活动这样的突出,这样的明显,这样的重要。

## 二、生命与生态的统一

农业生产是人类与自然的直接对话。也就是说,它直接面对大自然,作为植物的农作物是自然物,作为动物的家畜也是自然物。这与工业生产不同,工业生产是以自然物为原料重新创造的活动。比如,纺织工业以农业生产的成果棉花为原料织成布,这布是自然界没有的;而在作为农业生产之一的棉花种植中,棉花是从大地生出来的,它与野生棉花属于同一类,只是它的品质更优秀罢了。又如,肉类加工业以牛肉或其他肉类为原料制成灌肠,这灌肠是自然界没有的;而作为养殖类的饲养食用的牛,却是活生生的自然物,它与野牛属于同类,同样也只是在肉质上优于野牛罢了。这一点决定了农业景观具有工业景观所没有的生命性、自然性。去田野看长势喜人的庄稼,看在草地上自由吃草的牛群,那种清新的自然气息、生命气息,绝不是在工厂里看农产品加工能够得到的。

农业作为人类与自然直接对话的活动,是在大地这个舞台进行的,农产品几乎无一例外地都生长或生活在大地上。农作物在田地上生长,这一点与工业生产明显不同,工业生产总是在厂房中进行,尽管厂房也建在大地上,而且也可能是露天的,但工业产品跟大地没有必然的关系,将它从大地上挪开,它的根本性质没有变化;而农业生产却必须在大地上进行,大地对于作物、家畜来说,不只是具有寄住的空间的意义,而且具有生命之本的意义,离开土地,任何作物、任何家畜都会死亡。这一点是与人类一致的。

生命性是农业景观的重要特点。农业生产是一种培育生命的事业。农作物作为植物、家畜作为动物都是有生命的。正是这一点,使得农业景观的美远胜于任何精致的工业产品的美,尽管工业产品是人类生命活动的产物,但它本身不是生命,生命本身也许在某些方面不如生命产物,特别是高等生物——人的产物那样奇特,但是在总体上,生命本身的美是远胜于任何没有生命的人工制品的。农作物、家畜作为生命物,与大自然中的生命物一样充满着造物主奇妙的智慧及匪夷所思的想象(如果有造物主的话)。作为生命物,不仅生命的结构是精致与奇特的,而且无时无刻不在变化着、演绎着、新陈代谢着。农作物的生命节律非常清晰,循环往复,从总体上体现出自然的有序性,但是具体到每一作物、每一家畜、每一年,它又有着无穷无尽的变数。这有序中的无序、无序中的有序,极见生命的魅力。

农业景观不只是生命景观,而且是人工与自然共生共荣的生态景观。作为大地景观的农业,它与自然界汇为一体,对于人类来说,需要的也许就只是某种作物,但实际上在这片田野里生活着的远不只是这种作物,许多非人类需要的植物、动物也在其中生长着、生活着。这是一片充满活力的熙熙攘攘的土地,一片自然与人工共同开发的土地。人类收获着人所需要的庄稼,自然收获着符合它本性的成果,两者有相冲突之处,但更多的是统一,是兼顾,而且只有统一、兼顾,才能让人类实现自身的愿望。农民在稻田里培植水稻,自然是希望收获更多的稻子,然而在稻田里生活着的绝不只是水稻,除了各种各样的昆虫、鱼类、两栖动物,还有水稻的大敌——杂草。杂草长势过好,必然影响到水稻,所以农民总是不断地除杂草,但实际上杂草是不可能除尽的。如果采用剧毒农药,杂草除尽了,水稻也许也完了。自然有它的目的性,人也有他的目的性。农作物、家畜这些人工培育的自然物既然与纯自然物共同生活在一片大地上,这两者就只能协调、兼顾,既让人达到目的,也让自然达到目的。所以,必须保持良好的生态性。良好的生态性是农业景观作为大地景观的一个极其重要的特性。

### 三、生产与艺术的统一

人在大地上种植庄稼,也就是在大地这面巨大的画布上作画。这就在相当程度上决定了农业景观是人类的一种大地艺术。说是艺术,当然是比喻,农业耕作虽然含有艺术的成分,但它与艺术还是有本质的区别。艺术包括大地艺术是超功利的,而耕作不能不具有实际功利性。农民将作物种植在土地上,行距均匀,整齐得就像是画家画的一条条线,从高空往下看尤其美,然而它的本意不是为了美,而是为了丰收。丰收的功利性虽是目的,却也收获了美,美是丰收的副产物。也许就在这目的与副产物上,农业作为大地景观与大地艺术有了区别,画家们的大地艺术是将美作为目的的,而无丰收这一实际的物质功利存在。

农业生产作为人与大地的对话,采取的是体力劳动的形式。尽管现代农业已经大规模地使用机器,但是它仍然不能做到完全摆脱体力劳动。体力劳动属于人的肢体活动,人类的肢体活动具有多种形态:一种是体育竞技,它以体现肢体的力量、速度、灵巧的极限为目的;一种是艺术活动,主要为舞蹈,它则以表现人体的美为宗旨。体育竞技与舞蹈都不直接创造物质价值,只有劳动才直接创造物质价值。各种劳动都体现为人的肢体活动,由于劳动的目的、性质不同,肢体活动的方式、活动量也是不同的。在所有的劳动中,唯有农业劳动的肢体活动最全面、最丰富,活动量的调节最为多变。人类肢体活动体现了人有生存意志,人的智慧、创造力是人类精神的物化形态。正是因为这一点,我们认为,它具有重要的审美价值。

人类的劳动,特别是农业劳动,本来就具有一定的艺术性。由于人类天然地具有一定的节奏感,所以在从事任何肢体活动时都自然而然地寻求节奏,以使肢体活动协调,体现在劳动中更是如此。普列汉诺夫在《没有地址的信》中描绘了地球上残存的原始部落巴戈包斯族人的耕作情形,男、女二人,一个挖坑,一个播种,配合默契,其动作也具有一种舞蹈般的美。事实上,农业劳动也只有具备一种节奏感,才能减少体力的支出,增加效益。在我国江南农村,多人共用一辆水车,用脚踩踏踏板,在"咿咿呀呀"的水车声中,显示出动作的协调;而"哗哗"的流水,随着叶片升起,最后变成一片小瀑布倾泻进稻田。这种劳动的情景,类似于一场艺术表演。

与工业生产中的体力劳动相比,农业劳动的艺术性要多得多,其原因有二:一是它的肢体活动比较丰富,也比较自由,也更具人性化;二是它以自然田野为背景,绿色田畴加上蓝天白云的衬托,伴之以大自然的流水声、风声、雨声,农业劳动就有声有色,韵味无穷。难怪自古以来,我国的一些知识分子就特别欣赏农家乐。宋代诗人杨万里有一首《插秧歌》:

> 田夫抛秧田妇接,小儿拔秧大儿插。
> 笠是兜鍪蓑是甲,雨从头上湿到胛。
> 唤渠朝餐歇半霎,低头折腰只不答。
> 秧根未牢莳未匝,照管鹅儿与雏鸭。

这是一幅美好的农业劳动图景,田夫、田妇之间、大儿与小儿之间的劳动都有一种呼应性,而他们各自的肢体动作也具有一种韵律美。正是将下雨时漫天的雨雾、清亮的水声作为人物动作的背景,并且将人物动作融入其内,才创造出了一种类似艺术表演式的美学效果。这样一种景观在工业生产活动中是不可能出现的。

### 四、功能与审美的统一

农业景观作为自然与人工共创的景观,它自然性的一面无疑是基础的层面,也许正是因为它自然性的一面如此突出,才会被常人看作是人造自然景观,而忽略它的独立性。其实,它的独立性是重要的,这除了它具有明显的文化性外,还在于它的文化性中具有过强的功利性。由于农业主要关涉到人的食与衣,而这两者在人类生活中无疑处于首要的地位,因此,人类相对来说就容易忽视它的审美价值。这就关系到农业景观第四个规律:功能性与审美性的统一。

本书在讨论环境美的性质时曾指出,环境美的一个重要性质就是它的功能性,这一点在农业景观中体现得最为突出。由于农业直接关涉到人类最为基本的生存,自有农业以来,人们就一直看重它的功能性。在对待农业景观的问题上,收成的好坏不仅成为善恶的评价,也成为美与丑的评价。这一观念影响至深,以至于在农业景观的问题上,形式美几乎不能独立。建筑作为环境,在它的审美构成中形式美占有重要的因素。如欧洲的巴洛克风格的建筑,其繁缛的装饰几乎让人忽略它实际的居住功能。然而在农业景观中,我们几乎找不到脱离内容的形式美存在。农业景观中当然有形式美,这些形式美有些是人工创造的,如稻田中那行距整齐的禾苗;也有些是自然创造的,如果园中那红色的果实与绿色的树叶相映衬的色彩。这些如果被表现在绘画中,它就具有一种脱离内容的形式美,但是在实际的农业景观中,它无不联系到收成,具有强烈的功利性。20世纪兴起的观光农业,严格说来不能算是农业,因为它并不在意它的收成,它只能算是一种艺术,一种大地艺术。

对于农业景观功能性与审美性的评价,还有农业生产者与观光者两种不同身份的区别。对于农业生产者,他关心的是农业的收成。如果他试图将庄稼田整理得更漂亮些,这不是为了审美,而是为了丰收。那种合规律的、整齐的、有序的作物排列,更适合于作物吸收阳光、养分,能让作物长得更好。对于农民,他对农业景观的欣赏总是联系到收成,在他眼中,根本没有脱离功利的形式美存在。然而在农业观光者的眼中,农业景观则具有两重性,观光者一方面会从作物经济效益的立场上来看农业景观的美,另一方面,他也会从形式美的角度来看农业景观的美。

## 第三节　现代农业审美的方法及形式法则

### 一、审美方法

1. 实践的总结

即将农业审美实践中的经验加以总结,并上升为理论。尽管农业审美学尚未构建,但在事实上,人们已在有意无意中从事着农业的审美活动。如果说在路过田园时欣赏田园风光是农业审美的一种无意识活动的话,那么,到农业旅游观光园区去旅游观光则是农业审美的一种有意识活动。这些实践活动有许多都是很有意义的,都是可以加以总结的,因此,在构建农业审美学中,就应该总结这些实践的成功经验。在总结中,应着重:一是实践的成功化;二是经验的理性化;三是零碎的系统化;四是现象的本质化;五是规律的科学化。

2. 他人的借鉴

即借鉴其他学科,特别是其他相关学科的构建,来构建农业审美学。显然,文艺鉴赏、建筑鉴赏等都值得借鉴,但是,最值得借鉴的是园艺鉴赏,因为园艺美最接近农业美,它们都以动植物为主要载体。园艺建设有许多是成功的,像北京的颐和园、苏州的拙政园等,而与这些园艺建设相对应的美学鉴赏同样有许多是成功的。因此,在构建农业审美学中,就应该借鉴这些艺术鉴赏理论的构建。在借鉴中,应着重:一是方法的借鉴;二是创新的吸取;三是反求的运用;四是有机的结合;五是相互的渗透。

3. 理论的运用

在长期的学科构建中,人们创立了一套与之相适应的理论,也就是学科构建的一般方法。这一方法适于其他学科的构建,也应该适于农业审美学的构建。因此,在构建农业审美学中,应运用学科构建的一般理论。在运用中,应着重共性的模仿、个性的突出、理论的应用、具体的结合、发展的互动。

### 二、审美形式法则

对称、整齐、和谐等,都是美学中的基本形式法则。农业中的对称、整齐与和谐,呈自然规律式的感性显现并不是对美学形式法则的印证,而是美学形式法则产生的根源。

1. 农业美学中的对称法则

美学中的对称是指两个以上相同或相似的事物加以对偶性的排列。农业生产对象中的动植物普遍体现这一法则。例如,禽畜中的马、牛、羊、猪、鸡、鸭、鹅等,为左右整体外部形态对称;蔬菜中的豆类作物的叶、花,花卉的叶、花以及许多农作物都有对称分布。

在农业中,对称是生物体结构的一种自然规律。人类之所以把对称看作是美,就是因为对称体现了生命的一种正常发育状态。长期的生产劳动实践使人类认识到对称具有平衡、稳定的特性,从而使人在心理上感到愉悦。

农业美学中的对称,是以生存需要为前提的、对自然规律的认识与概括,这种对称是美学对称法则的源头。

2. 农业美学中的整齐法则

美学中的整齐,一般是指感性外表的一致的重复。农业实践中的整齐对人的意义非常重大。农作物、蔬菜、花卉等品种的整齐是衡量品种优劣的重要指标。因为品种外部形态的一致性如何,显示着品种内部遗传基因是否一致。凡是优良的品种都具备整齐一致的外部形态,因而农业科学家都把整齐作为衡量品种优劣的一个指标。

在农业美学中,"整齐"已不是单纯的外部感性形式的美,而是内在的科学的理性法则。以小麦为例,整齐的美学特征贯穿于种子萌发到新种子产生的全过程,从种子萌发到小麦出苗、从抽穗到成熟,整齐指标所关系到的不仅仅是小麦本身,还有对外部环境的指示与导向。用整齐法则审度小麦各个生育阶段能够发现小麦是否缺水、缺肥、遭受病虫害等等,如有缺苗断垄现象,使麦田整齐之美遭到破坏,则是在提示人们注意土地是否平整、局部是否有病虫害,应该及早采取相应的措施。农业美学中的整齐法则,是人类对自然规律认识与掌握的体现,通过视觉美感显示人类在自然规律面前的本质力量。

3. 农业美学中的和谐法则

美学中的和谐是指审美对象在多样联系中形成的协调的整体以及主客体之间的谐调一致。很显然,农业美学中的"审美对象"不是指一首歌、一幅画、一段舞,而是指农业中的"天地人"。农业美学中的"天地人"的和谐之美在农业实践中以古老与先进、感性与理性、实体与参照系等立体形式存在着。这种带有生存意味的"和谐"贯穿人类出生、发展的始终。一幅画、一首歌、一个雕塑、一座建筑可以完成,农业与"天地人"却无法完成,它支撑着人类世世代代,永无止境。一切人类进步,都是农业发展的发展。当然工业对农业发展所立下的汗马功劳不可抹灭,但工业的生成与发展仍然是农业发展的发展。无论是"强调规律唯一性、确定性"的"白农学",还是"强调规律不确定性、多元性"的"黑农学",都不可能逃脱农业美学中的"和谐"——"天地人"与农业的协调一致性。农业美学中的"和谐"法则是人类生存规律,因而也是最伟大、最实际的规律。

我国有关天人关系宇宙观的提出比西方早了近十个世纪。先民们提出"合一"也好、"和谐"也罢,都是由于生存需要对当时"不可控的自然力"做出的解释,因而难免带有原始思维色彩的感性幻想成分。今天我们提出农业美学中的"和谐"之美,则更为理性化与科学化。和谐是社会美、自然美的最高形式。在社会界多以善与善的和谐体现美,自然界则以真与真的和谐体现美。农业美学中的和谐美是社会与自然的和谐,是社会发展规律与自然发展规律的和谐。

# 第四章

# 现代农业生产审美 >>>

## 第一节　现代农业生产中的美

### 一、劳动创造美

马克思认为:"劳动创造美。"在马克思那里,尽管"自然的人化"或"人的本质力量的对象化"是劳动和艺术的共同原则,艺术正因此而起源于劳动,但我们却不能把艺术等同于劳动。

在茹毛饮血的人类发展初期,劳动的功利性是主要的方面,求生仍然是劳动的主要目的,但是在这种求生活动中,包含着审美和艺术的因素。这种因素表现为生产劳动中形成的人的意识(自我意识和对象意识),这种意识是在劳动过程中人与人的情感的传达、影响和共鸣。而第一件石器因其形式和目的性,以及创制过程中人的想象力和热情的渗透,在某种程度上已经成了艺术品。

这种艺术性赋予了生产劳动社会性,同时也赋予了人社会属性。人把自己"当作普遍的因而也是自由的存在物来对待",正是因为这样人才能在观念中、在幻想和想象中把自然界变成自己的无机身体,把自然界一部分变成自然科学的对象,一部分作为艺术的对象。这些只是人的意识的一部分,是人的精神的无机自然界。所以,只有人才能按照自然界的"一切物种尺度"来生产,并用自身的尺度来衡量外在的世界,这个规律是美的,也就是说人是按照美的规律来塑造物质世界的。

消费是经济活动的目的与终点,"日常生活审美化"更多地反映在消费领域。在消费过程中,人的需求作为"主观形式"表达出来,而这种"主观形式"在人的社会性的情感方面就是人的美感。"人同世界的任何一种属人的关系中",包括审美关系,"是通过自己的对象性关系,亦即通过自己同对象的关系,而对对象的占有"。

正因为如此,马克思才把生产劳动看作与人的本质相联系的"感性地摆在我们面前的、人的心理学"。

从严格意义上讲,原始人劳动中艺术的传达情感的作用只是附属的,而不是目的,美感混在各种生理上的快感与功利性的愉快之中。

随着人类社会的发展,严格意义上的艺术是在人类的精神生产和物质生产相分离的过程中产生出来的,伴随着哲学、神学、道德、法律以及自然科学的萌芽而与物质劳动相脱离。"当人的劳动的生产率还非常低,除了必需的生活资料只能提供很少的剩余的时候,生产力的提高、交换的扩大、国家和法律的发展、艺术和科学的创立,都只有通过更大的分工才有可能,这种分工的基础是从事单纯体力劳动的群众同管理劳动、经营商业和掌管国事以及后来从事艺术和科学的少数特权分子之间的大分工。"真正意义上的艺术开始形成后,各种艺术门类分化出来。虽然艺术是贵族阶级的特权,但是在异化社会(阶级社会)中对促进人性的同化,特别是对一个社会、一个民族的文化心理产生了极为重要的作用。所以,尽管异化劳动使劳动者赤贫和畸形,仍然可以说:劳动创造了美。

马克思认为,当纯粹的艺术成为"劳动意识"的一部分,人类劳动就成为美化自然和美化人本身的"自由自觉的活动",这是艺术发展的光辉前景,也是人的本质力量自由而全面展开的必然趋势。

**二、劳动生产中的美学指导**

人的劳动生产、经济活动都是有目的、有意识的,经济实践可以成为人的认识对象和欣赏对象,这是其他动物所根本做不到的。恩格斯曾提到,动物也有有意识、有计划地行动的能力,例如,狐狸甚至可以运用关于地形的丰富知识来躲避追逐者。人类的生产作为一种有意识、有目的的自觉活动,是从制造生产工具开始的。动物也生产,但它不会制造生产工具,只能适应于自然,受限于自然;而人类生产由于会制造工具,则能改造自然,使自然为自己的目的而服务,这是人类生产与动物生产的根本不同。人能根据具体情况的改变和发展,相应地改变设计的蓝图和提高工作效率,这是动物根本做不到的。随着社会实践的发展,人类对自然规律的了解的增长,人类在生产中的目的性、自觉性也在不断发展。人们不仅从眼前局部的利益确定自己的活动目的、计划,而且能从长远的整体利益考虑自己的目的和计划。

马克思在说明动物的生产与人类生产的根本不同时还指出:动物也生产,但动物只是片面地生产,只是在直接的肉体需要的支配下生产。人能够"自由地与自己的产品相对立",这说明人类生产的产品不仅能够满足物质生活的需要,而且能够满足各种精神生活的需要。因为动物没有人类的社会意识,只有本能的需要,所以,它只能按照"它所属的那个种的尺度和需要来建造"。所谓"种的尺度和需要",即该物种之所以为该物种的那种尺度和需要,如动物就只会营造巢穴,像蜜蜂、海狸、蚂蚁等所做的那样。这既是该物种的尺度,又是它的本能的需要。而人则不然,他的活动是有意识、有目的的,是自由的、自觉的创造,他不是局限于任何一种物种的尺度,而是"懂得按照任何一个种的尺度来进行生产",即不受任何限制地按照客观规律来生产。所谓"内在固有的尺度",即是人本身客观要求的尺度,一方面要认识客观规律,另一方面则要符合人本身的需要。这两方面的有机结合,即"内在固有的尺度"。所以叫"内在固有的尺度",是因为它不是外在的物种的尺度。例如,桌子原本是木头做的,需要先认识木头的质地、性能、硬度等,再考虑人自己的需要,这两方面结合才能制造出桌子来。桌子之所以成为桌子,即是桌子的"内在固有的尺度",而木头的尺度对桌子来说反而是外在的。人的自由创造就是在认识客观规律的基础上,根据自己的目的需要对对象进行能动的、自由的加工的结果。再拿制造桌子来说,要在认识木头的客观规律的基础上,再根据人的不同的目的要求,才能制造出各式各样的桌子来,根据桌子的"内在固有的尺度来衡量"，使桌子既可以适合人的物质生活的需要，它的形象又可以满足人的精神上的美的需要。

人类制作第一件石器时，就已经在按照美的规律来塑造了。第一件石器的制作当然是因为某种使用的需要。为了使用起来更方便、更顺手、更有效，就尽可能地把石器（图4-1）磨制得锋利、平整、光洁、匀称……这样，在人们的头脑中便同时形成了两种观念："好用"的观念，即要满足使用性的目的；"好看"的观念，即要具备一定的造型。这就是人按照美的规律来进行生产的萌芽。

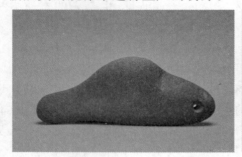

图4-1　新石器时代石器

### 三、生产过程与生产空间中的美

这种美主要体现在劳动工具和劳动环境的美化问题上。在艺术设计师的参与下，在生产美学——生产活动条件的审美组织和形成原则的实施中，劳动工具的创造有可能极大地提高劳动生产率，减少生产性外伤和改善工人健康状态，提高产品质量，即带来直接的功利效用。但是，如果把艺术设计和生产美学的全部意义仅仅归结为获得看得见摸得着的物质结果，那就大错特错了。无论是整个生产美学还是艺术设计，在保持技术和经济方面的利益即带来无疑的物质利益的同时，也应该在它本身的审美作用——精神效用方面得到研究。

农业发展的新趋势体现了美在现代农业中的作用，即农业生产的经营方式由传统的"农场式"向现代的"公园式"发展。农业将趋向可供观光的公园场所发展，里面不仅有最新的管理技术，更有各种珍贵的动物、植物、花卉以及娱乐场所。

### 四、可持续生产中的美

可持续生产是指在生产过程中，避免环境的污染与破坏，节约利用资源，使得资源的利用率达到最大；同时，在生产过程中强调人与自然和谐相处。现代社会的绿色生产、循环生产、低碳经济具有明显的可持续生产的意味。

在可持续生产中，人与自然的和谐的经济美学观点是生产观的重要内容，并且人们在这种生产观的指导下进行生产活动。生产实践是人与自然统一的基础。人通过生产活动，按照人的尺度重塑自然，所以，人与自然是统一的。随着生产的发展，人与自然的关系也是在不断发展变化的。农业社会时期，人与自然的关系相对和谐，人对自然的作用范围很小,产生的恶性结果也很少。但是,进入工业革命后,随着生产力突飞猛进的发展,自然在人的生产实践中发生着日新月异的变化。同时,人类中心主义的发展模式片面地追求经济的增长,而不顾生态和社会危机,忽视了对自然环境的保护,使人类赖以生存的家园面临毁灭的危机。

对待自然界,我们可以从物的角度来进行理解,认为自然界有其自身规律,这一规律是不以人的意志为转移的,我们必须要遵守。但是,在当今人类活动深深影响自然界的情况下,我们还应当善待自然界、美化自然界,即以人的本性来理解自然界。而倡导减少污染的绿色经济,节约资源的循环经济等,是在人与自然和谐的美学基础上提出的可持续生产观。在现实的生产中,因其和谐美的生产观,使得可持续生产充斥着美的因素。

## 五、异化劳动与美

马克思在资本主义生产关系中发现了劳动异化与私有制的关系,而生产的不同分工方式形成了不同的生产关系,所以有必要先从分工与美的关系说起。杜威(图4-2)在其《艺术即经验》中指出"经验乃是美和艺术的基础",但杜威所说的"经验"不是普通人理解的经验,而是手段与目的融合之后达到的经验。杜威认为,任何时候,只要手段与目的是割裂的,人就无法得到这种真正的经验。对于分工与美的问题,杜威得出这样的结论:古代手段与目的的割裂源于脑力劳动与体力劳动的分离,也就是说这种分工与美对立。但是这种脑体分工是普遍存在的。

在马克思看来,劳动异化首先表现为把物质财富创造者和享有者分离开来。马克思在对资本主义经济学的批判中指出,资本主义经济学产生的制度基础,即资本主义私有制存在着对人性的摧残,所以无法完成人作

图4-2 约翰·杜威
(John Dewey,1859—1952年)

为真、善、美的自由主体的理想。因为在私有制的社会出现了人的异化以及作为人的异化表现之一的劳动的异化。

正是这种脱离了人的本质的经济活动,使人丧失了自由,并且与人类对美的追求相去甚远。异化劳动与作为美的本质(或者人的本质)的自由自觉的劳动是相分离的,虽然在异化劳动的产品中,我们看到了美的成分。

异化除了劳动的异化外,还存在着意识形态的异化,鉴于此,对异化的扬弃则包括了两个方面:人的现实的解放和精神的解放。对异化劳动的扬弃是现实生活层面的,而精神层面的解放即人实现自由自觉活动的主体,人的自由全面发展是扬弃异化的手段与目标。所以,人类的最高理想和美的最高理想需要通过人的自由全面发展来实现,同时,人的自由全面发展也是马克思经济美学研究的最终目的与意义所在。

## 第二节　现代农业生产农具审美

马克思在《1844年经济学哲学手稿》中说："劳动创造了美。"马克思的这个论断"给美学中各个问题的解决投射了一道强大的真理之光,它是建立真正科学的美学的指路明灯"。朱光潜先生说:"《1844年经济学哲学手稿》和《资本论》里的'劳动'对未来美学的发展具有我们多数人还没有想象到的重大意义,它们会造成美学领域的彻底革命。"农具是社会物质产品,是人的劳动创造物。既然说,"劳动创造了美",农具又是人的劳动创造物,那么农具中也就蕴含了美的内容。它是为满足人们的物质生产和生活的需要而制作的,再如刀、斧、弓箭、耙、舟车、农业器械等,虽说它们的使用价值是主要的,但是它们同时也具有审美的价值。

农具所体现出来的形式美、艺术美究竟在何处呢？

第一,人们在制作农具时,往往是为了实用和审美的双重目的(美观一般要服从实用),往往按照形式美的规律进行创造,例如整齐、对称、均衡、比例、和谐、多样的统一等。在实用的前提下,符合了普遍的形式美规律,也就有了审美的意义。

第二,农具和其他物质产品一样,是劳动人民辛勤劳动的结晶,设计师、能工巧匠在制造它们的过程中,灵心妙运、精工细做,每件产品都凝结着他们的心血,闪耀着他们的智慧和光芒。它形象地显现着劳动人民的创造力,这也是人一种正面的具有肯定价值的本质力量的对象化,人类在自己的劳动产品上面直接体现自己的本质力量,因而是美的。

第三,当农具转化为工艺品时,其中已体现了萌芽状态的艺术因素了,它利用农具本身的形体和附加的装饰,表现了人的某种生活、情感和趣味,如铲发展到玉铲,用于佩带等,当然就具有了更高的审美价值。

使用机器是现代农业的一个基本特征,对于利用资源、抗御自然灾害、推广现代农业技术、促进农业集约经营、增加单产与总产、提高农业劳动生产率、降低农产品成本,以及对于减轻农民劳动强度和缩小工农差别,都有着重大的作用。在社会主义条件下,它还是城乡协作、工农联盟的重要物质基础。

农业机械化,是指运用先进适用的农业机械装备农业,改善农业生产经营条件,不断提高农业的生产技术水平和经济效益、生态效益的过程。2015年1月14日全国农机化工作会议上,农业部副部长张桃林表示,2014年,全国农业机械总动力达10.76亿千瓦,同比增长3.57%；农作物耕种收综合机械化水平达到61%以上,提前一年实现"十二五"规划目标。全年累计完成深松整地作业面积1.5亿亩,超额完成2014年《政府工作报告》提出的1亿亩目标。61%的农作物耕种收综合机械化率意味着我国农业生产方式已实现由人力畜力为主向机械作业为主的历史性跨越。2004年底,我国农作物耕种收综合机械化发展史上第一部法律《农业机械化促进法》正式实施。此后农作物耕种收综合机械化发展迎来了黄金十年,中央财政农机购置补贴10年累计投入超过1200亿元,补贴农机具超过3500万台(套)。农机化水平增幅超过法律实施之前35年的总和,农机工业总产值从854亿元增加到3571亿元。

现代农业机械包括:耕整地机械、种植施肥机械、田间管理机械、收获机械(图4-3)、收获后处理机械、农产品初加工机械、农用搬运机械、排灌机械、畜牧水产养殖机械、动力机械、农村可再生能源利用设备、农田基本建设机械、设施农业设备以及其他与农业生产相关的机械。

图4-3 收获机械

### 一、现代农业机械产品形态

产品形态一般都具有两种属性,一种是产品的外在形态信息的视觉属性,如形态、色彩、材质、质感等;另一种是功能属性,即具备内在功能、满足人们使用需求的属性。农业机械产品包括许多种类,它们都注重功能的实现,因此传统的产品都非常注重其功能属性的表达,在视觉属性上的重视程度有所不足。但是,在现代的商品社会中,人们面对众多可选择的产品,其视觉属性往往对人的选择有重大影响。因此对产品形态视觉属性的研究,能使农业机械产品视觉属性和功能属性取得更好的平衡,从而使产品更具有竞争力。本章通过分析典型农业机械产品的形态设计,从整体形态、细节形态、色彩、物质技术条件等方面入手,总结农业机械产品形态设计的基本规律。

#### (一)整体形态

一般来说,产品形态设计都是从整体形态开始的,有了整体形态之后才会着手零部件的形态设计,并使之与整体形态的风格保持一致。受加工工艺的影响,农业机械产品早期的形态设计大多以直线型风格为主,但是现代的农业机械产品已经呈现出风格多样化的趋势(表4-1)。

表4-1 不同类别的农业机械产品整体形态分析

| 序 号 | 产品形态 | 分 析 |
| --- | --- | --- |
| 1 | 莱恩2016年升级版4lz-4.6a联合收割机 | 大面积的覆盖件将收割机的众多零部件包裹起来,整体感强;流线型的机身线条以及大圆角处理,使形态具有亲和力,同时展现出产品强壮有力的内涵 |
| 2 | 久保田4lbz-145g(pro588i-g)联合收割机 | 经过变形的方体、圆柱体的组合,让产品整体视觉感受稳重、大方;机身部分上大下小的搭配又有轻巧之感,体现了产品务实、理性的风格 |

续表

| 序号 | 产品形态 | 分析 |
|---|---|---|
| 3 | 洋马 AG600 半喂入联合收割机 | 整体形态方正,采用基本几何形体构成产品主体;部分圆弧线条打破了方体的单调感 |
| 4 | 农机盼 js-752 轻型履带拖拉机 | 流线型的机身设计,使得本来笨重的机器呈现出灵活、动感的气息,使拖拉机也具有时尚感以及眼镜蛇的速度感 |
| 5 | 凯斯轮式大功率拖拉机 | 简洁明快的曲线梯形以及渐变的大圆弧倒角形态,展现出拖拉机稳重、力量感的形象,同时削弱了产品的陌生感,减小与消费者的距离 |
| 6 | John-deere 轮式拖拉机 | 变形的方体组合构成产品的基本形态;以曲率较小的线条表现出产品的力量感;略微前倾的机头形态易让人联想到发怒的公牛,从而表现出拖拉机强劲的性能 |
| 7 | New Holland 轮式拖拉机 | 整体形态由圆柱体、方体等构成,机身与底座的形态比例使得产品的视觉重心较低;机罩运用仿生手法的形态设计,让产品具备稳重特色的同时还带有一定的攻击性,反映出产品的狂野内涵 |

可以看出,不同类别的农业机械产品在整体形态设计上呈现出一定的共性:大面积的覆盖件设计化解了农业机械众多零部件的凌乱感,使产品形态的整体感得到加强;不同产品又会根据品牌理念的不同而有所差异,在形态设计上表现为力量感、秩序感、稳定与轻巧、亲和力等视觉属性。

## (二)细节形态

产品设计流程中,在整体形态完成之后,就要展开零部件的细节设计工作。细节设计指的是在整体形态不变的情况下,通过一定的设计手法使产品的局部形态(如棱边、倒角等)层次感更加丰富、变化多样、细节完美。例如:在农业机械产品形态设计中发动机机罩散热孔的位置、大小、形状的处理,对大面积平板形态的分割,对前大灯形态的设计等,都属于细节形态设计。在商品价格相差不大的情况下,在品牌繁多的同类产品中,消费者往往会选择那些工艺精致、细节设计完美的产品;产品细节设计处理得当往往会增加消费者的印象分,产品自然就更具有市场竞争力。

(1)散热孔。散热孔的形态设计主要注意位置、面积、发热量、空气的流动、安全规定和可靠性等。散热孔的主要形态有密集网孔型、阵列型、流线型等,某些形态将会朝着汽车形态设计的方向靠近。

(2)前大灯。前大灯是产品的"眼睛",不仅要满足基本功能,形态设计也应该具有特色。大多数农业机械采用横式一体或分体式前大灯,部分产品采用立式前大灯。可以看出横式前大灯的形态设计给人温顺、具有亲和力的感觉;立式大灯的设计则充满攻击性,表现出产品的力量感。

(3)大面积的覆盖件。农业机械产品在形态设计的过程中,通常会遇到大面积的覆盖件设计。如果只是简单的平板或者单一变化的曲面,很难让形态具有吸引力。采用一些细节设计的手法,让形态产生变化,如:焊接加强筋、平板分割处理、涂装颜色分割、曲面小弧度凹陷或凸出等,一方面能让形态细节更耐看,另一方面也能提高零部件的强度,分割处理使零部件的维修、更换成本得以降低。

通过上述分析可以看出,产品细节的设计使产品形态得以丰富,同时让产品的形象发生很大的转变。农业机械产品的形态设计将会越来越注重细节,细节设计会显著提升产品价值和美感,发挥差异化竞争的功效,助力产品获得商业上的成功。

## (三)产品色彩

形态是产品的物质载体,而色彩则是一种依附于形态、更为直观的视觉感受,是成本最低的产品个性化设计手段。农业机械产品的合理色彩设计,有利于提高操作的安全性和准确性,满足人们的审美需求,与产品形态、使用环境、消费者的心理感觉协调统一。

产品的色彩设计能直接影响观察者的视觉感受,具体表现为色彩可以实现形态的重新分割,塑造产品的视觉中心,甚至改变形态的视觉比例关系。色彩设计在产品形态中的作用可归纳为以下三点。

### 1. 塑造产品的视觉中心

与周围环境反差较大的颜色、产品主色调的对比色一般都用在产品的重要零件或机构上;而对人身安全可能有伤害的危险和示警部位,如发动机排气管、水箱等,则使用橙色、黄色、红色等具有警示意义的颜色,使之成为产品的视觉中心,以吸引人的视觉注意力。

## 2. 实现产品形态的分割或关联

产品造型中的整体形态可通过色彩进行分割,而众多的局部形态又可以通过色彩产生关联。农业机械产品的形态具有庞大、琐碎等特点,通过色彩的分割作用,可以将较大的零部件在视觉上化整为零,使之更符合人的心理感觉;而琐碎凌乱的零部件又可以通过一致的色彩涂装,使之具有统一性,这与人习惯将复杂事物简单抽象化处理的心理习惯相符。

## 3. 调整产品形态的视觉比例、视觉重心

当产品的形态、结构因受其他因素限制而无法改变,导致产品视觉比例、视觉重心不协调时,可以通过产品的色彩设计使之平衡。通过色彩搭配改变产品的视觉比例,体现产品的稳固、轻巧等。如有些拖拉机通过上蓝下黑的色彩设计使得产品的视觉重心得以降低,弱化了产品的笨重感,使之显得轻巧灵动。

功能诉求不同的农业机械产品其色彩设计要求也不同,设计时应使产品功能要求与色彩特性相结合,以取得良好的整体效果。在与形态协调的基础上,还要考虑产品的外部使用环境。如收割机主要用于田间作业,工作条件较恶劣,因此产品下部色调应该较深,这样才能具备一定的抗污能力;而产品上部的覆盖件则常采用与环境色相匹配的绿色、蓝色、黄色以及与环境色产生对比的红色等。

在农业机械产品的色彩设计中,一般采用多种色彩搭配设计。但是多种色彩搭配也有一定的原则,一般由面积较大的主色调和以点缀装饰为主的辅助色构成,这样既能保证形态色彩的统一,又会产生变化而不至于太单调。

在农业机械产品的形态设计中,应该注重统一与变化的结合。以联合收割机的形态设计为例,首先须确定一种线型基调——是直线型硬朗风格还是曲线型的流线风格,之后使分割线、轮廓线、传动零件、覆盖件等形态的线型保持统一,这样能够形成整体形态的条理性,使人感到整齐、简洁、单纯、协调。"变化"可以使产品形态有活泼、新颖的视觉效果,将其运用于细节形态的点缀,可以吸引视觉注意力。"变化中求统一,统一中有变化"是农业机械产品形态设计不可欠缺的两个重要美学法则。如拖拉机前部为一致性的竖条形装饰,而产品商标则将这种一致性打破,产生变化,使形态具有灵动感,同时也使商标得以突出,可谓一举两得。

现代产品标准化、系列化、通用化的要求,在形态上表现为一种有规律的循环和连续。线、面、体、色彩、质感等都是能在农业机械产品形态设计活动中创造节奏和韵律的设计元素,例如拖拉机散热孔的排列、插秧机秧盘的形态设计等。

从农具中体现出来的美与艺术美比较起来不够集中,较为逊色。因为农具首先是实用的,并不是专门为了满足人们的审美需要而特意创造的,所以它利用天然的形式美、创造高度的形式美,就受到了实用的局限,而且它多半只能显现人的心灵手巧这样一些能力,就难以抛开实用目的、自由地显现人的多方面的本质和表现人的复杂感情。它的美是有限度的,但不能否定它本身所蕴含着美的内容。

在现代农业中,农业机械轻便、小巧,从外观、色彩、舒适度等表面来看,人们用技术方法把外加的同功能无关的外观的美加以强化,即属于形式美的内容。劳动者把农业

机械和机械产品的装饰用来掩蔽它的内部结构的同时,试图把它的表面"加以美化",因此也具有了形式美的内容,包含了形式美的法则。

农具中包含着功能美,同时也潜含着依存美、流动的时代美,因为人们对于技术美的欣赏往往与产品用途的认识结合在一起,技术美的创造必须充分考虑产品的使用要求、使用环境、技术标准等因子。而农具正是人们在农业生产过程中不可缺少的一个工具,它是农业生产效率高低的一个反映,它的生产或存在具有一定的目的性。依存于科学技术发展水平以及由此形成的物质生活中,所以,农具本身也具有依存美,而从农具的演进过程中,我们不难看出其过程中也富含流动的时代美。因为技术美作为产品功能与结构形式的有机统一,它的表现形式并非一成不变的,而是时代流动性的产物,随着科技和文化的发展不断推陈出新。从原始时期到奴隶社会、封建社会,一直到现代机械化时代,农具的形式和功能更加多样,应该说是科学技术的发展,价值观念和审美观念的变化,共同推动了农具形态的变化发展。

## 第三节　现代农业生产品质审美

农业、农村、农民是关系国计民生的根本,是国民经济的基础。党中央和政府一直重视"三农"问题,把解决好"三农"问题作为工作的重中之重,从农业现代化、城乡一体化、城乡融合发展到"振兴乡村"都体现了这一点。然而,当前我国正处于传统农业向现代农业转变的关键时期,农业发展面临农产品价格"天花板"封顶和生产成本"地板"抬升等新挑战,农业资源环境制约、农业生产结构失衡和农业发展质量效益不高等新问题日益突出,迫切需要加快转变农业发展方式,从粗放发展模式向精细管理、科学决策的发展模式转变,走产出高效、产品安全、资源节约和环境友好的农业现代化道路。

### 一、现代农业大智慧

随着现代化农业的发展,农业已走上了信息化发展的高级阶段,拥有全新的农业发展理念,其与电脑农业、数字农业、精准农业等农业信息化发展模式既相关又不同。农业信息化发展模式各不相同。电脑农业、数字农业及精准农业是将关键信息技术应用到农业生产过程中,实现提高农业生产效率和效益的目标。智慧农业则是实现全要素、全链条、全产业、全区域的智能化,不仅是农业生产过程,还包括农业经营、农业管理、农业服务等环节,这是与其他3种农业信息化发展模式的最大不同点。因此,智慧农业的内涵和外延更加宽泛,其所涉及的理论、技术、系统和装备更加综合和复杂。

信息技术代表着当今先进生产力的发展方向,其强大的带动性、渗透性和扩散性已全面渗透到各个领域。农业信息化成为引领我国现代农业发展、创新农业管理服务和破解农业发展难题的必然选择。我国农业信息化先后经历了电脑农业、数字农业、精准农业等阶段。21世纪以来,人类全面迈进了以互联网为中心的信息技术时代。随着物联网、大数据、云计算和移动互联网等新一代信息技术的迅速发展,农业信息化正从传统的数字化、网络化向智能化、智慧化的高端方向发展。我国农业发展进入农业4.0阶段,即新的智慧农业发展阶段。智慧农业以信息知识为核心,将新兴的遥感网、传感网、大数据、互联网、云计算、人工智能等现代信息技术与智能装备、智能机器人深入应用到农业生产、加工、经营、管理和服务等全产业链环节,实现精准化种植、互联网化销售、智能化决策和社会化服务,形成以数字化、自动化、精准化和智能化为基本特征的现代农业发展形态。可见,智慧农业涉及多部门、多领域、多学科的交叉和集成,具有独特的系统性和复杂性。

近年来,我国智慧农业研究和应用发展迅速,如大田和养殖物联网试验研究取得明显进展,农业遥感技术研发稳步推进,农业大数据挖掘与分析算法日益发展,农业信息服务平台技术日益提升。

**二、现代农业生产技术**

现代农业的核心目标是实现农业全过程的智能化,其实质是数据驱动。围绕"数据"的核心主线,现代农业的核心研究领域包括感知、传输、分析、控制、应用五个方面。感知是基础,是利用各类传感器采集和获取各类农业信息和数据的过程;传输是关键,是将经感知采集到的信息和数据通过一定方式传输到上位机待进行存储的过程;分析是核心,利用感知传输的数据进行挖掘分析,支撑农业预警、控制和决策的过程;控制是保障,将针对决策系统的控制命令传输到数据感知层、进行远程自动控制装备和设施的过程;应用是目的,实现农业生产过程、生产环境、农作物病虫害等的智能管理。每一核心领域都有各自的关键理论和技术方法体系,将这些理论、技术方法高度集成可以形成系列的现代智慧农业系统。

(一)农业感知

1. 传感器技术

传感器技术是现代农业的关键技术之一,大田种植、设施园艺以及水产养殖中的环境参数都是通过物理传感器来进行实时采集的。其中,温度传感器、湿度传感器、光照强度传感器、$CO_2$浓度传感器是目前应用最为广泛的传感器。在大田方面,很多学者集成空气温湿度传感器、土壤温湿度传感器和作物传感器构建无线传感网络,自动快速获取农田环境和作物参数。然而,大田区域大、面积广,传感器的规模化应用成本高,因此,目前多适用于规模较集中的设施园艺,包括农业大棚、园艺大棚、植物工厂等。水环境理化性质监测的pH值传感器、浑浊度传感器、溶解氧传感器以及水位传感器等在水产养殖环境监测中使用最为广泛,且取得了较为理想的监测效果。近几年来,传感器已应用到包括农业机器人在内的智能机械设计中。此外,农产品物流追踪中通过传感器可以监测到农产品运输过程中的温湿度等信息,保证食品安全。然而,现阶段传感器多依赖于国外进口,价格较高,限制了在大田中的推广使用。目前传感器大多是基于单功能设计的,功能集成较弱,造成数据冗杂,加大数据传输压力;传感器性能易受环境因素干扰也是普遍存在的核心问题。

2. 遥感技术

遥感技术凭其快速、简便、宏观、无损及客观等优点,广泛应用于农业生产各个环节,是各类农业生产过程中生长与环境信息的重要来源。遥感技术在现代农业中利用高分辨率传感器采集地面空间分布的地物光谱信息,在不同的作物生长期根据光谱信息进行空间定性、定位分析,提供大量的田间时空变化信息。目前,遥感技术在现代农业应用中主要包括:作物种植面积遥感监测与制图、作物长势监测与产量估算、农业灾害遥感监测、土地资源遥感以及作物生态环境信息监测等。总体来说,上述应用技术方法体系已比较成熟,遥感监测结果可以为实现农业尤其是大田管理的智能化提供可靠的监测数据,辅助进行正确的管理决策。近几年来,微小型无人机遥感技术平台凭借其操作简单、灵活性高、作业周期短等特点,在农业观测和信息采集中发挥了重要作用。蔡伟杰利用无人机搭载了各种传感器用以监测植物保护作业数据,提高了监测效果与效率。将卫星、无人机与物联网技术集成构建陆空一体化农业遥感信息获取技术体系是发展现代农业的趋势和有效手段,它可以实时获得更为丰富、更为精确的农田地块信息,但也带来了海量遥感数据融合处理的问题。

3. GPS

GPS(global positioning system)在现代农业中的应用主要体现在三方面:空间定位、土地更新调查、作物产量监测。定点定位是GPS在现代农业中最重要的作用。首先GPS可以测量农田采样点、传感器的经纬度和高程信息,确定其精确位置,辅助农业生产中的灌溉、施肥、喷药等田间操作。在翻耕机、播种机、施肥喷药机、收割机、智能车辆等智能机械上安装GPS,可以精确指示机械所在的位置坐标,对农业机械田间作业和管理起导航作用。此外GPS在农产品运输管理中也发挥着关键作用,通过GPRS无线传输系统将车辆当前的经纬度、车速等数据实时发送到远程控制中心,控制中心再将传回的GPS数据与电子地图建立关系,可以对行车情况进行监控,实现智能控制和管理,并且可以根据产品和消费者信息自动生成最佳的配送策略,提高效率。

4. RFID技术

RFID(radio frequency identification)技术广泛应用于现代农业食品安全质量溯源模块和农产品物流系统。运用RFID技术构建农产品安全质量溯源系统,可以查询农产品所有环节的详细信息,实现全过程的数据共享、安全溯源及透明化管理,既可以提高农产品的附加值,也可从根本上解决并防止安全事故的发生。在现代农场的现代农业系统建设研究中,盐城市七星农场利用RFID技术采集、汇总和分析食品与农产品安全监测数据,完成对食品和农产品安全的全方位监控以及科学预警,实现"从农田到餐桌"的全过程信息化管理;彭改丽在温室内建立无线射频网络,采用RFID技术进行无线数据采集,避免了传统温室内出现冻土给农作物带来的不便。目前,RFID技术存在着易受干扰、信息安全、标准化等技术问题。解决因电子辐射产生的环境问题及成本问题,克服技术问题,减小技术成本,提高RFID使用效率,将是RFID未来发展的核心任务。

(二)数据传输

1. 有线通信传输技术

有线通信传输方式通过光波、电信号这些传输介质来实现信息数据传递,具有信号传送稳定、快速、安全、抗干扰、不受外界影响、传输信息量大等优点。现代农业中有线通信传输方式通常使用RS485/RS432总线、CAN总线网线或电话线等有线通信线路现场布线来进行数据的传输,其中最为常用的为RS485/RS432总线。通过RS485总线串联上下位机实现通信,提高了系统的抗干扰能力,使智能农业监控系统性能稳定、使用灵活。孙国辉基于嵌入式系统设计,采用S3C2440芯片为主控芯片,用RS485串口作为通信接口来实现温室大棚中传感器数据的传输和信息的反馈,降低了成本。此外视频监控系统多利用有线传输方式来进行视频数据的传输。但是,由于有线通信传输布线复杂,且易受环境影响而老化;再加上无线通信技术发展的冲击,该方案实际上很少单独使用在现代农业的研究中。

2. 无线通信传输技术

无线通信传输包括两种方式:无线局域网通信和无线移动通信,两者的区别主要体现在传输媒介上。目前应用较为广泛的无线通信传输方式包括蓝牙(Bluetooth)、红外通信技术(IrDA)、WIFI、紫峰(ZigBee)、超宽带(UWB)以及移动网络等。不同的无线传输方式具有不同的特点。基于ZigBee技术的短距无线通信方式具有数据传输可靠、安全、支持网络节点多、成本低、兼容性高等特点,是目前现代农业中应用最为广泛的无线传输方式之一。传感器与ZigBee中的通信节点组合,形成无线传感器网络(WSN),通过控制芯片将采集节点数据集成,然后通过ZigBee网络对数据进行传输,广泛应用在设施农业及农业灌溉中的信息传输和反馈。此外研究中常将ZigBee和其他无线传输方式组合形成无线组合网络来实现数据传输,尤其是移动网络技术(2G GSM网络、2.5G GPRS网络以及3G、4G、5G网络)的发展,使传输距离不受限制,传输速率也越来越快,成为现代农业应用中的热点。任华、严璋鹏以及周新淳等分别采用ZigBee+3G、ZigBee+GPRS、4G+ZigBee+WIFI等无线组合传输技术解决了农业大棚中局域及远距离有效数据传输的问题,实现了大棚的精细化管理和控制。林元乖等将ZigBee、GSM、GPRS等通信技术集成嵌入,分别负责农业园区中传感器、运输车辆中传感器的数据传输,建立了农产品环境监测系统和农产品运输管理系统。

(三)数据分析

1. 地理信息系统

地理信息系统(GIS)凭借其强大的数据管理和数据分析功能可以实现农业信息的存储、分析和智能处理。GIS技术可对大田物联网系统的空间数据和感知数据进行存储管理,利用GIS空间分析方法和大田相关农学模型集成分析物联网监测数据。GIS具有可视化和制图功能,便于用户直观地查询、分析与统计可视化数据;可与RS技术结合,形成各种农业专题图,例如农作物产量长势图、病虫害监测图、农业气候区划图等,可以为正确决策提供帮助,这也是目前GIS在现代农业中的主要用途之一。林峰峻在象山县现代农业综合服务平台设计研究中,以GIS地图为基础,将农业相关状况信息在GIS地图上可视化,方便决策者了解整个象山的农业状况。此外,在农产品物流管理过程中,可以通过GIS地图协助物流分析、车辆派遣、路线计算等。

2. 模拟模型

计算机模拟模型将采集获得的农业信息进行模拟分析,构造出环境参数与目标参数之间的定量关系,支撑农业预测、农业预警、农业决策。目前在农业领域中常运用的模型分为两类:统计模型和智能计算模型。统计模型主要有多元线性回归模型、Logistic

回归模型和自回归移动平均模型;其中多元线性回归模型可以通过综合分析多种变量的关系来得到目标变量的表达函数,在产量预测、节水灌溉、病虫害预测等有广泛应用。智能计算模型在农业上的应用以神经网络为代表,包括 BP 神经网络、径向基函数神经网络、Elman 网络等,其中 BP 神经网络由于其可塑性强、结构简单等特点,使用最为广泛。岳梦婕针对生长周期未完成的金针菇产量预测问题,利用权值优化的 BP 神经网络进行建模,取得较好的预测效果和可行性,但是算法的时间尺度有待改进。近几年随着遥感技术的发展,各种物理反演模型应运而生,将反演模型加入模型库,再基于各种遥感数据,可以实现作物产量、长势、病虫害等的实时监测和模拟预测,并能对精确施肥和节水灌溉进行指导。

3. 大数据技术

大数据技术的核心是数据挖掘,利用各种分析工具对海量数据作比较、聚类和分类归纳分析,建立模型和数据间的关系,对已有数据进行剖析,对未知数据进行预测。常用的数据挖掘方法包括统计分析、聚类、决策树、关联规则、人工神经网络、遗传算法等。

现代农业中常用大数据技术进行农作物的产量预测、作物生长过程和环境的优化控制等方面。杨凌雯针对现有现代农业系统专业性太强的问题,提出了改进的 K-C4.5p 决策树算法和残差主成分回归算法,用于地力等级分析和产量预测,效率和准确率大幅提升,可以实现对生产数据的动态分析和预测。总体而言,农业大数据技术在现代农业中的研究还处于初始阶段。由于数据量大且类型复杂,大数据的存储、智能融合处理将是研究的热点。此外,农业大数据的实时性是其显著特点,如何兼并数据处理的实时性和精确性将是大数据研究的方向。

4. 云计算技术

云计算具有动态可扩展性、高可靠性、低成本和绿色节能等优点,可以实现按需使用,降低了用户终端的要求,提高了使用效率。现代农业最终是面向各个层次对象的,包括政府、企业、个人等,凭借云计算强大的计算能力,能够最大限度地整合数据资源,提高农业智能系统的交互能力,满足各类用户主体的需求,解决各个层次的数据传输和应用问题,因此云计算技术在现代农业发展中越来越受重视。阎晓军等建设了北京农业云服务平台,实现了基地和市级两级控制管理,为各种应用系统提供了一个共享平台。李尤丰等(2014)提出了基于动态云的现代农业架构,可减轻数据存储、数据处理、资源配置等压力。基于该动态云的现代农业架构已在南京和安徽地区中得到稳定应用,而如何提高用户访问速度和效率将是该系统要考虑的问题。徐润森等(2015)针对智能农业监控平台建设中存在的问题,设计了基于云计算的智能农业监控平台建设架构,面向个人、机构、政府、平台管理等门户提供多个云应用技术,平台体系结构灵活、部署方便且成本低廉。

5. 自动控制与自主作业

自动控制通过自动化控制系统,自动发出指令,控制水泵、阀门、电动卷帘、通风窗等继电器设备,将温、光、水、肥、气等因素调控到适于作物生长发育的最佳环境条件。目前我国现代农业自动控制系统设计的技术方案主要包括基于单片机的控制系统、

PLC控制系统、基于嵌入式系统的控制系统、基于云平台技术的控制系统等。基于单片机的控制系统可集中控制环境信息，操作简单，价格低廉，应用较为广泛，但其可靠性无法得到保证；PLC控制系统能够进行传统的继电器逻辑控制、计数及计时操作，并且性能可靠，对外部环境抗干扰能力强，编程简单，是目前现代农业中较为常用的自动控制方案，但是成本相对较高；嵌入式系统具有安装方便、开发周期短、并发处理能力强、可系统升级等优点，近年来得到广泛应用。

目前，通常采用简单的阀值设定实现控制系统对温度、湿度、光线照射强度、二氧化碳浓度等环境因子以及水阀、通风窗等继电器设备的自动化监控。为更加精准地控制，PID控制算法、模糊控制算法、预测控制、神经网络等控制算法也应用至系统设计中，可以优化控制系统对环境要素变化的阈值判断，实现高精度、高可靠性的系统控制。现阶段通常引入单一控制算法来优化控制系统，其中模糊控制算法应用最为广泛。张丽良等基于嵌入式控制系统，利用模糊控制算法，建立了农业大棚环境优化控制系统，解决了解耦问题；安宁基于PLC控制程序，采用模糊控制算法，设计了蝴蝶兰温室大棚智能控制系统，实现了集现场数据采集、系统远程控制、种植环境自动化调节于一体。需要说明的是，模糊控制算法的稳态精度太低，只能实现粗略控制。由于环境数据容易发生变化，单一的控制算法已难以满足需求，将多种算法结合、综合算法的各个优势，成为发展的方向。韩明月采用了模糊控制和神经网络分析结合的方法，既能建立模糊的系统模型，又能通过数据训练得到最优化的控制方法，实现自动灌溉和温度自动控制。

同时，随着我国农业劳动力数量减少、农村老龄化加速，以农业机器人为代表的自主作业系统成为发展趋势。不同形式、不同用途的农业机器人与自主作业系统相继出现，如自动驾驶拖拉机、喷药机器人、采收机器人、除草机器人、修剪机器人、挤奶机器人、嫁接机器人、苗盘搬运机器人、农用无人机等。中国农业科学院南京农业机械化研究所研发了"精确变量播种施肥机"，具有播量模型在线标定功能，可实现不同品种、不同类型种子、肥料的播量模型实时标定。机手在驾驶室可实时接收作业地块的播种施肥处方图，结合研制的自动辅助驾驶系统，可实现播种施肥作业的"一键化"操作。虽然目前农业机器人与自主作业系统种类繁多，但是仅有自动驾驶拖拉机、喷药无人机和挤奶机器人达到了较好的产业化水平。由于现有农业机器人与自主作业系统在应对复杂农业场景下的环境感知、行为规划、高效作业等方面存在明显瓶颈，在与人力的比拼中难以具有明显优势。因此，由易到难、重点突破、人机并存成为当今农业机器人与自主作业系统研究和产业化推进的主流观点。未来农业机器人与自主作业需要重点突破自主行为规划、适合复杂农业场景的智能感知、面向农业作业的高效柔性执行器件，为大型农机智能协同作业、农机机器人搬运/监测/耕作/采收等具体应用提供基础理论和技术支撑。

### 三、现代农业精神

表述农业梦与农业精神，让梦想照亮前方的路，让精神点亮心中的灯，用正能量激发凝聚正能量，对于促进农业持续发展，对于立足行业落实中国梦部署和培育践行社会主义核心价值观，都具有十分重要的意义。

# 第四章　现代农业生产审美

一个时期以来,农业农村发展进入了新的阶段,农业综合生产成本上升、人多地少水缺的矛盾加剧、农产品供求的结构性矛盾突出、农业资源要素流失加快、农村社会结构加速转型、农民利益诉求多元、农业发展的国际竞争压力增大等,使农业发展面临诸多突出困难和矛盾。其中主要困难和矛盾可以概括为四个"日益突出":一是农产品需求刚性增长与耕地不断减少、劣化等资源环境硬约束的矛盾日益突出;二是因成本上升、风险加大、农产品价格低廉使农业的比较效益下降问题日益突出;三是因高素质劳动力大多转移出农村农业使农业劳动力素质整体下降和未来"谁来种地"问题日益突出;四是因生产环节问题多、监管到位难度大、消费者质量安全敏感性提高、农产品质量安全事件影响增大等使农产品质量安全问题日益突出。这种状况,使农业多年"连增"、高位持续再增和保障农产品质量安全的压力与挑战日益增大,形势严峻。可是很多人对此严峻现实的认识明显不足,重视明显不够,情况堪忧。

更令人担忧的是,一些人对农业的地位、重要性和特质的认识严重不到位。农业是一个靠天(阳光、空气、雨水)、地、生物来生产食物的古老产业,是解决"吃饭问题"的唯一途径。因此,农业是人类生存发展不可或缺的基础,事关社会安定和政治稳定,具有明显的基础性和公益性。由于粮食的独特唯一属性(生产方法独特唯一)、公共生存物品属性、金融属性(粮食期货极具炒作意义)和能源属性(可转化为生物燃料)等特殊属性,粮食在发达大国已成为国际控制和国际谈判中的得力武器,"粮食武器化"使农业成为战略产业。另外,农业还具有社会保障、生态保育(环境保全)、休闲保健、启迪教育、文化传承等多种功能,即所谓多功能性或多元综合价值。因此,农业的"贡献"早就远远超越狭隘的经济学上关于农业的"四大贡献"(产品、市场、要素、外汇)理论。可是,在不少人的眼里和不少地方发展社会经济的实际中,农业仍被视为一个只能贡献一点点 GDP 的不赚钱产业,甚至被视为拖累地方经济发展的历史包袱。

古人云:"民以食为天""洪范八政,食为政首"。农业本来是很有功德的事业,但现在却似乎成了灰头灰脸的事。现实总是给人这么一种感觉,谁涉农谁背时,谁沾农谁倒霉,谁离农近谁吃亏。不少农业人的士气和自信就是在这样的情况下被逐渐销蚀的,从别人看不起潜移默化成自己看不起,好像只有没本事和"运气不好"的人才进"农门"并且跳不出"农门",直至产生厌农、离农、弃农思想。这种情况的存在相当普遍,对农业发展极为不利。而在个别人那里,勤朴、担当等农业人固有的突出品质正在渐渐消退,这样的现实必须引起农业人和全社会的高度关注。

党的十八大提出:"倡导富强、民主、文明、和谐,倡导自由、平等、公正、法治,倡导爱国、敬业、诚信、友善,积极培育和践行社会主义核心价值观。"这"三个倡导",从国家、社会、个人三个层面(即建设什么样的国家、构建什么样的社会、塑造什么样的公民),概括了社会主义核心价值观的基本内容。而我们的四句八字农业精神,还有三句九字农业梦,都是与"三个倡导"完全一致的。不久前中央印发《关于培育和践行社会主义核心价值观的意见》,要求"使社会主义核心价值观融入人们生产生活和精神世界,激励全体人民为夺取中国特色社会主义新胜利而不懈奋斗"。提炼、宣传、践行农业梦和农业精神,就是在进行这样的融入和激励,就是在以具体行动培育和践行社会主义核心价值观。而我们的农业梦和农业精神，也因为契合社会主义核心价值观而受其照耀增彩。

　　三句九字农业梦的基本内涵是"农业强、农民富、农村美"。"农业强"主要指农业的科技水平高、生产经营能力强、市场竞争力强和农业的多功能性发挥得好、农业发展可持续，要素、条件、装备、环境、政策、机制，农产品有效供给特别是粮食安全、农产品质量安全，还有生产率、生态，等等，都包含其中；"农民富"主要指农民的收入高、有尊严、有地位、有奔头，也包括技能强、素质高、精神充实，等等；"农村美"主要指农村的农业生产经营的自然环境和社会环境好，尤指农产品产地环境好、农产品质量安全、农业生产对环境的不良影响小（在生态允许范围内）、农业生产可持续，所谓天蓝、地绿、水净、风清、人善、心畅、宜居等。

　　"农业强、农民富、农村美"，分别从产业本体、重要主体、主要空间上来体现农业梦，三者是相互联系、相互支撑、协调交融的。

　　四句八字农业精神的基本内涵是"勤朴、和谐、担当、奉献"。"勤朴"指勤劳、勤奋、坚忍、坚守、坚持、顽强、吃苦、朴实、朴素、淳朴、诚实、诚信、踏实、务实、厚道、节俭等；"和谐"是指农业各要素配合协调，人与自然和谐、人与社会和谐、人内心和谐，包括协作、合作、包容、不自大、不狂妄、有敬畏、有节制、有自律、有共赢观念、有可持续观念、绿色、生态、和睦、融洽、守规律、守规矩等；"担当"指负责、担负、担待、承担、承受、接受等，尤含知难而上、忍辱负重、支撑底线、雪中送炭之类意思；"奉献"指自觉贡献、献身、效劳等，尤含大爱无私、不计回报、奋不顾身之类意思。

　　"勤朴、和谐、担当、奉献"四者也是相互联系、相互支撑、协调交融的。勤朴是农业人的突出品质，和谐是农业的根本遵循，担当是农业不可推卸的责任和农业人义不容辞的操守，奉献是农业的突出特点和农业人的境界追求，四者层次分明、构成完整，系统凸显了农业和农业人的特质。

　　这三句九字农业梦和四句八字农业精神已经十分恰当完美，要大力弘扬"勤朴、和谐、担当、奉献"的农业精神，共同实现"农业强、农民富、农村美"的农业梦！

# 第五章

# 现代农业景观审美 >>>

## 第一节 现代农业景观的审美系统

景观审美的概念是在人们对环境的认识和改造过程中形成的,是由人类对环境的审美本能所决定的。从地理学中发展而来、与建筑学学科相交叉所形成的景观建筑学,对景观的地域性差异研究一直没有间断过,而地域性景观差异的形成,与自然地形地貌、气候、人文地理的差异是分不开的,这些因素与农业景观的差异性形成也有着千丝万缕的联系,并深深影响着农业景观的地域性差异。因此,农业景观地域性差异也是景观建筑学中必须关注的。所以,从美学的角度对不同类型的农业景观进行研究,有利于发现地域性差异所在;而同时,对美学本身也是一种认识领域的扩展和审美内容的充实。

在美学中已经形成的不同的审美类型中,形式美是最基本的类型,也是最容易发现和理解的。而农业景观作为景观建筑学、环境美学的一个研究对象,它的自然性特征与自然美也有着密不可分的联系,在自然美方面也容易找到联系。此外,人们寄情于自然山水所创作的诗歌、绘画等艺术作品中也会有农业景观的影子,这说明农业景观与艺术美也有联系。本节将对农业景观的形式美、自然美与艺术美做出基本、总体的美学理解和阐释。

如图5-1所示,农业景观存在明显的地域性差异,各地的农业景观有着自身显著的特点,如果说山区的梯田景观给人大气空远的感觉,那么川西平原的农业景观则是婉约柔媚、娇小可人的。即使同属于平原,广阔平远、沃野千里、一马平川的华北平原农业景观与星罗棋布地镶嵌着大大小小的林盘、水系和堰塘,加上自然竹林、树丛点缀其中的川西平原又形成鲜明的对比。

(a)川西平原农业景观　　(b)元阳哈尼族梯田景观　　(c)华北平原农业景观

图5-1　农业景观的地域差异性

## 一、农业景观美学的表现形式

### （一）形式美

但凡美的事物，都有其固有的存在方式，并且广布于自然界和人类社会的各个领域，与人类生活和审美活动有着极其密切的联系。由于事物的形式最容易被人们感知，形式的美就最符合人类的共同心理、生理需求，人们对形式美的接受完全是一种顺受反应，它与快感是一致的。柏拉图说："真正的快感来自所谓美的颜色，美的形式，他们之中有很大一部分来自气味和声音。"

总之，它们来自这样一类事物："在缺乏这类事物时，人们并不感到愉悦，也不感到痛苦，但是它们的出现却使人们感到满足，引起快感，并不和痛苦夹杂在一起。"农业景观中必然存在着这些可以让人们感到快感的形式，也必定存在着符合现有形式美中的规律的形式。

农业的形式美表现在农作物等生命有机体都有很高的对称性、比例、均衡和整齐性等的审美特性。一切有生命的东西都是有机体，美国符号论美学家苏珊·朗格（Susanne Langer）在《艺术问题》一书中就强调指出，"艺术"是"生命的形式"，艺术是有机体通过一定载体的感性显现。人工耕种的农作物品种大多是植株低矮、刚健挺拔的，为了便于耕种、灌溉、施肥等操作，人们都将农作物进行行种，农作物的重复的行列产生了农田景观的节奏和韵律感，而使人产生视觉上的冲击及心理的愉悦。此外，人工种植的农作物一般是无病害的品种，植株刚健挺拔、花朵色泽鲜艳、果实个体健硕，使自然植物更富有使人视觉舒适的愉悦美（图5-2）。

（a）田地里整体化一的农作物产生的富有韵律感形式美

（b）自由分割的田块形成均衡的韵律

（c）行种形成的整齐韵律感

（d）健康成长的蔬菜给人舒适的视觉感受

图5-2　农业的形式美

## (二)自然美

自然美是产生和存在于自然界中的美,指自然事物、自然现象及其关系所呈现出来的美。自然美一般存在以下三方面的特征:①丰富性与天然性;②易变性与多面性;③重在形式美。基于这样的自然美的理解,我们可以把农业景观的自然美理解为农业景观以大自然为依托所表现出来的物种丰富性、天然生命性、季象变化、多变性以及农业动植物和田园必须与大自然和谐统一、相互融合(图5-3)。

(a)山区梯田景观　　　　　　　　　(b)浅丘地区农业景观

(c)自然村落与自然环境完美的融合　　(d)农田与地形、地貌环境的自然结合

图5-3　农业的自然美

首先,自然环境是农业景观不可缺少的组成部分。田园是在大地之上的田园,所产生的农业景观要依托于自然环境。尽管农业景观中的核心是农作物,但试想一颗在实验室里培养的水稻,它不在大地上生长,不和自然环境发生联系,就不会产生农业景观。也就是说,没有了田园以及周围的自然环境,农业景观就不复存在,也就没有农业景观的自然美可言了。因此可以说,农业景观具有自然美,它的自然美表现在它所依附的自然环境中,自然环境自然而然地成为农业景观的一个组成部分,有了优美的自然环境做衬托,农业景观才显得更加的完整和完美。

其次,农业景观的自然美表现在田园、道路、水系、林带以及农业设施等与大自然和谐统一、相互融合。一方面,农作物的种植、田园的开垦要顺应自然地形,基本不破坏大自然的原始地形地貌。例如,在山地开垦耕地,人们自然而然地顺着地形、顺着坡势平整土地,梯田变成基本的形式。又如,在平原上跟随水系的变化开垦和布置耕地,在贫瘠、石砾较多的土地上植树造林等。另一方面,农作物的生长和田园与大自然之间的关系要符合自然规律。农作物的径、叶、花、果实是自然生长的,虽然人工可以通过现代技术手段实现农作物的高产量,但是也要以符合自然规律为前提,因为农作物的生长需要自然环境中的阳光、土壤、水分和营养。如果是依靠机器生产出来的粮食,就不在农业景观的范围之内了。但现代的农业生产都是直接以自然环境为基础的,只是因为自然环境的条件不同和现代技术水平的差异而使表现出来的形式不同而已。

### (三)艺术美

在农业景观中,尽管形式美给人留下深刻印象,并成为其审美价值中的重要维度,但是它并不代表着农业景观审美价值的全部。我们不应该将艺术作品与景观的审美价值局限在形式美中。农业景观有着更多类型的美,而不仅仅是那些当下打动我们眼睛的形式美。

诗人把美写在诗中,画家把美涂在画布上,舞蹈者把美展现在舞台上,乡村的农耕从业者则是把美建构在田园大地上。农耕文化是一笔凝聚着几千年人类智慧的文化遗产,人们也逐渐意识到乡野大地在生产棉麻粮豆的同时还衍生了田园风光,也能看到农家的饮食起居在演绎农耕文化。这意味着农业景观将成为一种"艺术形式"。

农业景观为人们呈现出具有高度审美价值的"色彩田":春之麦苗最先给大地带来绿色,金灿灿的油菜花渲染着春的风采;夏之荷、稻;秋之荞、葵;桃花红时杨柳吐翠,稻麦黄处绿荫成行。"色彩田"如同绘在大地上的美丽图画,吸引人们的视线(图5-4)。美学素养高的农民还会"导演"自家的耕作起居。他们知道自家的"农耕生活方式"是乡村旅游的一种"产品",并且珍惜自己的"竹篱茅舍",也会用"辘轳"提水浇地,戴"笠"荷"锄";用"鸡黍"款待游客,还会自酿村酒,以"鸡犬之声"来反衬乡居的宁静。生活在乡村的农民与优美乡村环境形成一幅关于农耕文化的美丽画卷,展现着农耕体验和乐趣。诗以文字为媒介传递美感,绘画与摄影以平面的"景"传递美感,影视以立体的"境"传递美感,乡村的农业景观则以可进入的实境提供美感。从某种意义上讲,乡村的农民成为构建美好农业景观的"艺术家"。

图5-4 "稻花香里说丰年"的景观

## 二、农业景观美学的构成体系

美感实现阶段中首先是审美知觉,即对审美对象的感知。客观事物作为审美对象以它固有的特征,构成了人类审美的物质基础条件。人类在劳动生产与实践中逐渐发现,这些能够使人产生美感的审美对象的常态和结构形式,常常符合比例、对称、秩序、均衡、节奏、和谐、统一等诸美的形式法则。当自然事物形象的结构形式,因其声音、色彩和形状为人直观时,它们的形式有着令人心旷神怡的功效和魅力,能够发出一种向上力,捕捉情感,引起愉悦,产生美感,并能够寄寓人的情感和理想,表现出人的本质力量。这种美就是我们说的事物的形式美,它是客观存在于审美对象当中的。

# 第五章 现代农业景观审美

由于审美对象的现象特征本来就是多方面的、丰富多彩的，审美主体的感情活动也是复杂的、千变万化的，由此造成的审美感受与联想也必然是千姿百态、变化无穷的。当人类带着某种心理状态、某种需要、某种情感去欣赏客观事物，而客观事物的某些特性符合人们的主观意识、需要和情感时，不同的美感就产生了。因此，美感的产生也带有一定程度的主观性。

在现有的美学成就中，对美感的形式的总结有多种。在西方，崇高和优美是两个重要的范畴，它们无论在现实美还是艺术美中都表现出不同的具体形态。而在我国古代审美形态中，与此相对的有"阳刚之美"和"阴柔之美"的说法，同时还有自身的特点。我国古代的审美观念都包含着生命状态、社会实践、人生境界等方面的综合观念，有着自己特定的理论含义，讲究中和、神妙、气韵和意境等。

所以，基于农业景观的自然性、生命性、变化性、统一性等特点，根据上述美学原理中已经存在的对美的形态的阐述，笔者对农业景观中存在的特殊美学意义进行思索及分析后，从农业景观形象的审美要素的感知，形式美构成要素及形式美规律的客观表现，以及人在审美形态上的感受四个方面，构建出农业景观的美学意义的体系见表5-1。

表5-1 农业景观的美学构成体系

| 层　面 | 具体内容 |
| --- | --- |
| 审美载体 | 天地 |
| | 水 |
| | 植被 |
| | 民居 |
| 审美构成要素 | 线条 |
| | 色彩 |
| | 季相 |
| | 质地 |
| | 空间 |
| 形式美 | 整齐一律 |
| | 对比调和 |
| | 均衡稳定 |
| | 韵律节奏 |
| | 多样统一 |
| 审美感受 | 壮美 |
| | 优美 |
| | 自然朴实 |
| | 气韵生动 |
| | 意境美 |

注：本章内容均以此构成体系为基本框架展开。

## 第二节　现代农业景观的审美载体

### 一、天　地

人们对自然环境的感知,首先是从天地开始的。农业景观依靠天地而存在,也就是说,人们对农业景观与自然环境的关系感知成为人们对农业景观的最深印象。换句话说,农业景观与天地相结合,也就是它的立体构成之美。

土地是农民赖以生存的资源,他们对土地的情感是尤为特殊的。农民带着原始荒野的敬畏,世代耕作于苍古大地上,无论是春耕的期盼,还是秋收的喜悦,他们都切身感受到来自大地的恩赐。大地联系着人们根深蒂固的祖先传统,蕴含着人类的根基命脉,这便是上天恩赐的原始之美。

比如,都江堰水利工程灌溉成都平原,所以因水成田,田随水生。都江堰工程将岷江水导入成都平原,让水自行流入东南方的广大田野中,渠系分为干渠、支渠、农渠、斗毛渠。人们根据合适的自然环境,选择便于自家耕种的地方定居,"林盘"由此在广阔的原野中自然而然地生长出来[图5-5(a)]。又如云阳哈尼族人开垦的梯田,依山顺势,连绵千里。而梯田景观与自然地形的结合可以说是天衣无缝,因此对它的感知则更容易与天地结合起来,可以说对它的感知就是对自然天地、自然地形、山体的感知[图5-5(b)]。

我国人民对乡村农业景观的审美认识是很早的,在《诗经》和《楚辞》中就有赞美田野风光、歌颂劳动的诗句,如"蒹葭苍苍,白露为霜"(《蒹葭》),"载芟载柞,其耕泽泽。千耦其耘,徂隰徂畛"(《载芟》),对自然景物和集体农业劳动做了比较生动的描写。当人与景观世界的审美关系建立之后,这些乡村、田野等凝聚了自然精神的农业景观,通过感知和体验相结合的美感中介,与人的生命状态异质同构,催促一种永恒的审美意义的产生。

所以,庄子称"天地有大美而不言,四时有明法而不议,万物有成理而不说。圣人者,原天地之美而达万物之理"(《庄子·知北游》)。大美实为道之美,在庄子的内心,有这样一个情结,那就是:天空、大地的美就是大自然的本源。人类是在大自然的怀抱中成长起来的,与自然界的亲和力是人天生的本性,这就使对自然美的追求成为人类难以割舍的一种情结。这是人们对自我的肯定,这种情感被化作对天地审美、为精神寄托,而农业作为一切生产的基础、人类的生存与发展的基础,与天地有如此密不可分的关系,对农业景观的审美欣赏,很自然地成为对天地审美欣赏的一部分,而且在农业景观的审美欣赏中,两者相辅相成[图5-5(c)(d)]。

第五章 现代农业景观审美

(a)川西平原上天地之间的"林盘",村落与农田

(b)元阳哈尼族梯田与自然地形完美结合

(c)罗平的农田绕开自然山体而发展,仿佛山是从稻田中生长起来

(d)广阔天地之下的江汉平原

图 5-5 农业景观与天地相结合

## 二、水

"自由之水是自然景观中的绮丽角色。从汩汩的泉水和山地上的碧潭到飞溅的溪流、激浪、瀑布、淡水湖和微咸的河口,最后流入大海。水对所有人都有不可抗拒的吸引力。在一定程度上,我们似乎与祖先有着相同的本能——急不可待地、不自觉地趋向于水边。"

水是"万物的本原",人离不开阳光、空气和水。水是生存的要素、生命的摇篮,是万物的生长之本。建筑、园林的选址相地,首先就要考虑到水。计成在《园冶》中说:"卜筑贵从水面,立基先究源头,疏源之去由,察水之来历。"郭熙在《林泉高致》中写道:"水,活物也,其形欲深静,欲柔滑,欲汪洋,欲回环,欲肥腻,欲喷薄……""山以水为血脉……故山得水而活……水以山为面……故水得山而媚。"水是人们在风景欣赏中的一个重要方面,有了水的灵动,才有了天地的灵气。水体有丰富多变的形态和特征,能为自然环境营造出独特的氛围,或清新悦目,或柔媚平静,或激烈彭湃,赋予大地、山体以生动的灵魂,为之增添了大地的灵气,给人以灵动的审美体会和感受。

水是生命之源。农业生产离不开水,农业景观中水是农作物生长的源泉,水作为农业景观审美载体中的一个重要的部分,不仅体现自然风景中水体欣赏本身具有的各种美感,还体现了生命以水为本,人们对水资源利用的关系。具体体现在自然界各类形态的水与农业生产密切结合,在不同的环境下,水的形态也随着农业生产的需要被改变,呈现出不同的美感。如川西平原水道丰富,河网密布,水态变化丰富,川西平原的水美在平坦、美在水灵、美在滋润[图5-6(a)];江汉平原在长江和汉水两江的滋润下,在广阔的平原上发展起农业,在广阔的天地之间,农业景观因为水的宽阔呈现出一种气势磅礴的美[图5-6(b)]。

水的美的表现是丰富的,水的美不在其本身,而在于水所处的环境,我们常说的"落霞与孤鹜齐飞,秋水共长天一色",就说明了水与天色相生相容的美景,在农业景观中,水与田、水田与天色的相互映衬,也产生了各种奇妙的景观[图5-6(c)(d)]。

(a)川西平原水网

(b)江汉平原

(c)水田中倒映出天空的美

(d)依水生长的农田在水中形成美丽的倒影

图5-6 农业景观与水结合

## 三、植 被

"山以水为血脉,以草木为毛发,以烟云为神采,故山得水而活,得草木而华,得烟云而秀媚。"(郭熙《林泉高致》)

最能体现审美魅力的植被种类,当然是花草树木了,它们彼此映衬,相互配合,构成大自然中绚烂多彩的图景。植物因其丰富的种类和多变自在的形态增添着人对自然的审美体会,平衡着人与自然的关系。实际上,在农业景观中,农作物本身就是一种植被,具有生命性、季节性、多变性的特点,在农业景观的审美中可以给人变幻无穷的美感。

农业生产本身的农作物是构成农业景观欣赏中的重要载体,农作物生长、丰收,季节性明显,是改变大地景观的活跃因素。农作物本身的色彩、植株体量、生长状态的好坏、果实的丰硕度等方面,直接影响农业景观的审美。

此外,农业景观中的植被不仅仅是农民种植的农作物、粮食作物和经济作物,还有整个大地上的自然植被。如果说大自然中的山水因为植物而显得有神韵,那么,农业景观因为植被而显得有生趣(图5-7)。

(a)在植被的衬托下的九寨沟的山水美景

(b)四川阿坝金川某处普通的农田,因为一颗开花的梨树显得生趣盎然

图5-7 农业景观中的植被

## 四、民居建筑

在大多数人心目中,乡村中的民居建筑只不过是一些与现代文明距离甚远的老房子。然而,都市人的"根"在乡村,这些千百年来与乡村人们朝夕相处的老房子所反映出来的文化气氛,在人们的心中形成了鲜明的印象,也造成很大的影响。

民居对景观的地域性差异方面产生强烈的影响。农业景观的地域性特征在民居的形式、用材等方面反映出来,地域性从而得到一定程度的凸显,可识别性得到增加。同时,民居建筑的存在与当地的农田搭配在一起,为农业景观增加了人文气息,增添了趣味。

从形式上看,民居建筑的形式多样,有我国民居建筑的代表四合院,游牧民族的蒙古包,有西北山地的碉楼,还有客家人的土楼、桂北的民居等。这些形形色色的民居建筑都记录着我们祖先真实的生活场景,凝结着我国几千年的营造经验,而这些经验是与传统农业生产息息相关的,具有生态功能性表现。因此,它们所表现出来的是一种乡土的原真气息,因地制宜,就地取材,朴素而简约,传统而和谐(图5-8)。

(a)福建农业景观中的土楼

(b)桂北农业景观中的民居

图5-8　农业景观中的民居建筑

# 第三节 现代农业景观的审美感受

农业景观的审美感受是由景观的"形象"所引起的。所谓"形象",是指农业景观在空间上所显示的感性形式。与上一个章节所论述的不同之处在于这些"形象"与自然景观中的特点相联系,主要针对受自然环境、地形地貌的影响,所表现出来的空间尺度感受的不同,以及农业环境中各种要素的组合所体现出来的不同美感,主要表现为:雄,旷,幽,秀……而这些特征又可以在美学的审美形态中找到对应关系。

## 一、壮 美

清代作家姚鼐把美分为"阳与刚之美"和"阴与柔之美"。其实阳刚之美就是壮美,阴柔之美就是优美。这一节中笔者先讨论壮美这一审美感受与农业景观的关系。

壮美的对象,从外在形式上看一般表现为具有雄伟、刚烈、粗犷、有力、巨大、壮丽、动荡等特色。在西方的美学中,有一个与"壮美"相近的范畴,那就是"崇高",在形式上往往突破形式美的一般要求,而具有粗犷、有力、巨大的特色;而人们常常把伟大、高尚,甚至带有神圣意味的精神品格视为崇高,所以在美学中,崇高是指物质形式和精神品质两者兼有的伟大、出众的形象,在自然界和社会生活中都有表现。这是崇高与壮美这两个概念的区别:壮美一般指外界事物的高大宏伟,而不是灵魂的高尚伟大。它们的共同点是都表现人们在与现实的严峻斗争中、在艰巨的社会实践中所肯定的一种美,所以,壮美的对象能使人产生惊惧感、豪放感、豪迈感,能使人摆脱平庸感、卑微感,使人的情感得到升华,内心充满豪情。

在自然界中,我们常常把四海翻腾、金戈铁马视为壮美,其原因就是:第一,包含力量和气势的显示;第二,空间上占有巨大辽阔的广度。

放在对农业景观的审美感受中,这种巨大辽阔的空间广度和包含力量、气势的显示的审美感受很容易与自然的"形象"相联系。庄子说:"天地有大美。"(《庄子·知北游》)"大美",如同囊括宇宙,无比广大,覆载万物。浩瀚的大海、"风吹草低见牛羊"的大草原,向我们显示着这种崇高的美。当我们看到农业景观中大片的稻田,一马平川、广袤无垠,我们可以联想到的,也就是这种广阔的崇高,激发的是一种惊心动魄的美感(图5-9)。

### (一)雄 美

雄美一般是就形体与气势而言的。凡形体庞大雄伟、气势豪壮磅礴者,皆谓雄美。在地势险要的山坡上,人们依照地势开垦的梯田高高低低、层层拔起,远近的山丘层次丰富,加上云雾缭绕的山巅,构成了一幅壮美的画卷。如广西金坑梯田,山脊的曲线展示着恢宏磅礴的气势,犹如山鹰展翅,给我们带来雄壮与力量的美感,体现出一种雄美的气势(图5-10)。

(a)浩瀚的大海给人广阔无限的感觉

(b)广袤无垠的农田使人联想起大海一样的广阔

图5-9　农业景观壮美的表现

(a)广西金坑梯田

(b)从山脊、梯田中抽象出来的线条走势形态

(c)雄鹰展翅所表现的雄美姿态

图5-10　雄美的金坑梯田与雄鹰展翅所表现的美感有异曲同工之处

在陡峭的山坡上,栽满富有生命力的农作物,从而形成的景观不但给人以险峻雄奇、壮观的视觉形象感受,还暗示了人们改造自然过程的伟力,给人以力量。在大自然面前人的力量是渺小的,但是人们却以渺小的力量征服了自然,在纵横千里的山丘上开垦出来的土地,形成了泽被后世的梯田(图5-11),身临其中,更激起人们向自然斗争的勇气,这是怎样的一种雄浑之美!

第五章　现代农业景观审美

（a）云南虎跳峡陡峭峡壁上开垦的梯田，展示着险峻雄奇的壮美

（b）贵阳花溪高坡乡建造在喀斯特地貌的台地边缘，过去这一带曾森林密布，后逐渐被开垦成农田

图 5-11　陡峭山坡上梯田的雄美

这样的农业景观，以其特殊的空间形象，给人以壮美的审美感受。在时间上，它又给人以一种亘古难移的永恒之感。其雄浑的气势，又似乎包孕着一种力量。这正是农业景观"雄"之美的审美效果。在一种崇高境界的感染下，灵魂受到震撼，精神得以升华，心胸也会大大开阔起来，使人联想到雄伟、雄奇、雄浑之感，从而引起人们赞叹、惊撼和崇敬。

（二）旷　美

旷美与雄美相比，展现的是一种辽阔的感觉，要形成旷美，必须有辽阔和高远的视域。显然，构成旷美的要素在于"大"，这个"大"体现在形体上的巨大及在空间上"天地之大"的尺度感。就载体而言，旷美的代表是大平原、大草原、大海、大湖、大河，如南朝《敕勒歌》中描写的"敕勒川，阴山下，天似穹庐，笼盖四野。天苍苍，野茫茫，风吹草低见牛羊"的蒙古大草原，它反映的是具有豪迈而粗犷的气魄和激动人心的艺术魅力，当微风吹过，绿浪起伏，看到一群群的牛羊。而"苍苍""茫茫"、无边无际的草原，描写的正是草原苍茫广阔的壮美。

在农业景观中，我们也可以观赏到这样的景象，在东北三江平原、华北平原、长江中下游的洞庭湖平原，我们不难找到这种使人心胸开阔的空旷之美，一望无际的农田给人留下的是"旷"的美感（图 5-12）。

(a)东北大平原

(b)洞庭湖平原

(c)华北平原

(d)河套平原

图 5-12　农业景观旷美的表现

## 二、优　美

与壮美相对应,优美是指一种优雅、柔静的美,它是主客观相统一、内容和形式相协调所表现出来的一种宁静和谐的美。在美学中,优美的外在表现形式一般具有小巧、光润、纤细、明净、逐渐变化、不露棱角、颜色鲜明而不强烈等特色。从美感上看,能给人轻松、愉快、和谐、安静和心旷神怡的审美感受。

从形式上看,优美的对象往往都以波状曲线来展示美感,也就是平时我们说的"S"形。"S"形使人感到流动,柔和的曲线使人感到优美,如维纳斯的体态就是"S"形,芭蕾舞演员也常通过"S"形的舞姿来展示柔美……农业景观中大凡以"S"形线条来展示其优美的形态,比如缓坡上行种的农作物所排成的立体的曲线、丘陵地区依山顺势的梯田中层层叠叠的田埂、田园中弯曲的小路等(图 5-13)。

人们常说小巧典雅的苏州园林,玲珑剔透的山水盆景,案头精致的工艺品……这些都是优美对象在体量上的突出特点,体现一种小巧精致的感觉,这是除"S"形之外农业景观优美的另一特点。因此我们可以说,农业景观中体现优美的,是那些给人的感觉柔媚细腻、轻盈悠闲、娇柔小巧,加上空间上有阻隔、庇护的农田景致,表现为幽远、秀雅,即幽美、秀美。

第五章 现代农业景观审美

(a)有着优美曲线的农田　　　　　　　(b)芭蕾舞演员的优美舞姿

图 5-13　农业景观中的曲线与具有芭蕾舞演员的优美舞姿
所展示的"S"曲线有着相似的审美感受

## (一)幽　美

幽,是一种美的意境。在我国园林的塑造中,讲究"曲径通幽"。"蝉噪林逾静,鸟鸣山更幽",幽美在于深藏,景藏得越深,越富于情趣,越显得幽美。历来庵堂庙宇、书院、行宫、别墅、陵墓等,都选址于山林的最幽处。古人或读书,或隐逸,或修行,或用作埋骨之所,现在则成了寻幽探秘的佳境。

在陶渊明的田园诗中可以深切地感受到幽美,他在《桃花源记》里写到"土地平旷,屋舍俨然,有良田美池桑竹之属",自然界的和风细雨、小溪流水在田间流过、蓝天白云、鸟语花香,农田的景色是温柔轻快、幽静安逸的感觉,给人以赏心悦目的美的感受。

在农业景观中,幽美与旷美相对应,幽美需要狭窄的视域,视域中有阻隔,即显得"通幽"。田园中有丰富多样的曲径,或是田埂走向或是地势的起伏,都表现了"曲径"的"幽美"(图 5-14)。

(a)农业景观的幽美

（b）曲径通幽　　　　　　　　　（c）密林深处有人家，幽静清闲自在得

图 5-14　农业景观幽美的表现

### （二）秀　美

秀，这是大自然最常见的形态特征。如果说幽美是恬静、柔和、柔媚、赏心悦目，那么秀美就是秀丽、心旷神怡。如果说，险峻之美，是人与自然经历了由对立到统一的过程，是痛感之后的快感，那么，秀丽之美则是人与自然一开始就处在十分和谐的关系之中，只有快感而没有痛感。司空图有"采采流水，蓬蓬远春""碧桃满树，风日水滨""绿杉野屋，落日气清""雾余水畔，红杏在林"……这些诗句，描述的都是秀美的境界。人处在这种境界，身心会处于完全的松弛状态，所以秀美之境是人们休闲的最佳处所。

比如川西平原上如颗颗珍珠镶嵌在城市周围的林盘，四周广阔的川西坝子，绿野平畴，彩回万顷。低矮的房舍，石板道路，小桥流水，青青翠竹，点点村舍，宛如一幅"远近林盘如绿岛，万顷嘉禾似海洋"的充满乡土气息的画卷，浓厚的田园景观面貌使人心旷神怡，美不胜收，正是另一番秀美的景观美学艺术基调[图 5-15(a)～(c)]。

又如，江西婺源山环水绕，九曲十弯，云雾缭绕，清凉怡人。其江南稻田景观，田里秧苗青青，两侧流水凉凉，远村近树，水映青山，移步换景。远远望见上晓起，远山梅林积翠，峰峦锦绣，山笼紫烟，粉墙黛瓦掩映其间，展示的是一幅"秀丽"的山野图画[图 5-15(d)]。

桂林山水甲天下，桂林的山水风光一直为人们所瞩目，但是试想这些山水风景没有了农田会是什么样子？那必定会黯然失色。在秀丽的山水背景衬托下，农业景观与山水交相辉映，桂林漓江在阡陌连片、稻浪起伏的万亩农田里，就像在大地上缠上了一条晶莹透亮的飘带，平原上隆起的座座山丘，向人们展示其优美的曲线，清丽自然、小巧玲珑，青山绿水、幽雅宁静，那是一幅"田中有山水，山水中有田"的秀美景象[图 5-15(e)(f)]。

第五章 现代农业景观审美

(a)川西平原典型的农业景观

(b)四川北部某处农业景观

(c)四川金川秀美的农业景观

(d)婺源山村的秀美

(e)广西桂林的农业景观一

(f)广西桂林的农业景观二

图5-15 农业景观秀美的表现

### (三)和谐统一

和谐完整性是优美的基本特征。完整与和谐,就是优美这一形态的"机体"结构特征和"机体"结构间的形态结构特征。就其构成的内外在因素看,在美的现象中,其内容形式各种因素互相呼应协调一致,从深层看,和谐统一体现了事物和规律的组合,优美是必然的合规律的美。也就是说,和谐即为美。

农业景观的和谐统一,表现在自身内在形式的和谐统一,主要通过自然界自身的运动形式、结构、声响、色彩等可感因素表现出统一布序、错落有致。例如:春风杨柳,潺潺小溪,细雨薄雾,"杏花春雨江南""小桥流水人家",这些都是和谐统一的优美。

车尔尼雪夫斯基曾说:"美的事物在人心中所唤起的感觉,是类似我们当着亲爱的人面前时洋溢于我们心中的那种愉悦。我们无私地爱美,我们欣赏它,喜欢它,如同喜欢我们亲爱的人一样。"

又如我们读孟浩然的《过故人庄》：
> 故人具鸡黍，邀我至田家。
> 绿树村边合，青山郭外斜。
> 开轩面场圃，把酒话桑麻。
> 待到重阳日，还来就菊花。

读后，我们不禁为这优美平和的农家生活所陶醉，而这种陶醉又不强烈，它平淡而隽永，在宁静祥和之中让人久久回味，有余音绕梁，三日不绝的感觉。

这种优雅娴静、脱俗超尘、和谐统一的美感，在农业景观中常常得以感受。在乡间我们常常看到田在山间，村在田间，有河自门前过，农田与青山交相辉映，构成一幅幅和谐统一的优美图画(图5-16)。

(a) 成都郫县团结镇，林盘与农田的和谐统一

(b) 婺源山村，小桥、流水、人家的和谐统一

(c) "绿树村边合，青山郭外斜"

(d) 和谐统一的乡村

(e) 悠然自得的农家生活

(f) 在金坑梯田，山田、民居与人的和谐统一

图5-16 和谐统一的优美农业景观

## 三、自然朴实

农业景观的自然美,不仅仅表现在自然的形式方面。我们知道,自然朴实是老子、庄子等我国审美的重要思想中所倡导的,这些思想对我国古代审美范畴有着重要的影响。从这方面对农业景观的审美进行理解和阐释,主要基于农业景观的自然观理解,如果说自然的就是美的,那么农业景观中的自然的部分便可以指导我们的心灵从自然本源出发,为我们欣赏做出正确的判断。实际上,这也是农业景观的"自然美"的更深层次的理解。下面将从农业景观的自然、朴实方面进行阐释。

### (一)自 然

在我国古代文化中,生态性就是自然性,自然性就是本性。万事万物按自己的本性发生、发展、死亡,这也就是道家的"自然"法则。庄子认为的自然美是美在自然天地万物本身,他认为人与自然是相通相亲的,虽然各自表现不一,但本原却是一致的,"自其同者视之,万物皆一也"。从实质上看,人是自然不可分割的一部分,人是自然的产物,出于自然又超越自然,充分表现了人与自然的交融、统一关系,这种自然观强调了人顺应自然,遵循自然规律,使人与自然的关系能自然自在地发展,同时也深刻地揭示了人与自然的内在同构关系。这正如人类自身发展所产生的农业景观所表现的一样,世界文明的发源与农业的发展是一脉相承的,人们总是选择相对容易开垦以及水源丰富的土地上耕种,我国古代的长江、黄河流域,古巴比伦的两河流域、古埃及的尼罗河沿岸的文明就是如此。而正是这种自然的美学观造就了我们对天地的审美,对自然的审美,也就是"天地之美"的自然美学观,天地之美的自然美,农业景观的"天地之美"也就因此顺理成章,因为农业景观的产生和发展离不开"天地",即自然,并且始终与自然相依相承。

所以,我们对农业景观的自然美的欣赏,不仅是局限于天地的自然环境的自然美,更重要的是它必须遵循自然天地之间的规律,这也就是庄子自然美学观中的"天地之美",强调的就是事物的真实性、顺物之性。遵循事物发展的规律,表现在顺物之"道"的"自然",即顺应自然地形地貌,顺应自然条件、利用自然条件所形成的农业景观,这是农业景观自然美的一个重要方面(图5-17)。

(a)沿河展开,利用河流灌溉的农田　　(b)避开树林,顺势开垦的农业景观

（c）川西坝子农业景观，与自然环境有机结合　　　　（d）婺源山村

图5-17　农业景观的"自然"美

## （二）朴　实

朴素美、自然美是我国古代美学的一贯追求。庄子的"自然"就包含了"复归于朴"的朴拙美，越是自然而然，就越不雕琢粉饰，也就越朴拙实在。

在农业景观中我们也不难体会到这种"复归于朴"的美，在乡村的农田，我们随处可见"鸡犬散墟落，桑榆荫远田""小桥流水人家"的朴实景观。陶渊明在对农村风光描述的诗歌里，表达了对乡村风光的自然生态的朴素情感，"种豆南山下，草盛豆苗稀""孟夏草木长，绕屋树扶疏"。万物各自按自然本性存在于世界，是大自然的本色，没有人工雕琢，这就是所谓的"自然朴实"。

农田中的农灌渠、水车都是为了耕作所建造，用的是最普通和当地易取的材料，篱笆、石板路不加雕饰，显出古朴的韵味，树木野花也是自由地生长……这就是庄子所强调的"复归于朴"的朴拙美，一切都是自然而然、不雕琢粉饰（图5-18）。

我国唐代的大诗人李白有一首《山中问答》的诗。诗云："问余何事栖碧山，笑而不答心自闲。桃花流水窅然去，别有天地非人间。"在李白看来，碧山之所以值得喜爱，就是因为在这里的一切都是自然的运动，没有人来干预。这也就是乡村生活之朴实。可见，在乡村的农业景观中，我们的确很容易体会和欣赏到朴实的美。

（a）田边的树木自由生长　　　　（b）河边的水车　　　　（c）水边的木栅栏

图5-18　农业景观的"朴实"之美

## 四、气　韵

气韵是"气"和"韵"两个单纯词的组合。

气韵以"气"为基础,含有宇宙之气、自然生命之气、人的生命之气,进而指向体现着内在生命的精神之气。"气"介于物质与精神的范畴,可视为宇宙自然的灵魂,与喜怒哀乐未发生时的天地自然有相通之处,就是先天自然的状态。在我国的道家哲学中,气是关于整个世界之本质的问题,包括实体世界与精神世界的本质。"万物负阴而抱阳,冲气以为和",气是万物得以产生的力量。在农业景观中,农作物是有生命的,农作物的生长是要遵循自然规律的,在这里,"气"是一种有机生长、朴素真实、绵延深远的意识。"气"的观念强调景观中各部分之间的联系、一致和共生的关系,它赋予景观以生命活力,表达出道家对自然精神的热爱与赞美。

"韵"的本意是指和谐的声音,而气韵中的"韵"则更主要是指审美对象在直接提供给主体的形象和形式之中,使人感受到类似音乐的旋律和节奏所激发起来的不可捉摸的心灵脉动和气质情调。

气韵作为一个我国古代审美形态,讲求的是一种变化万千、多姿多彩、阴阳莫测、神妙共舞。

（一）生命之气

农业景观中具有生命力的"气"在于植物、农作物的生生不息,这是一种生命的"气"（图5-19）。有生命在就有"气"在,并与天地同在。感受农业景观的"气"之所在,也就是感受生命的"气",给人以生命的力量、运动和变化。这种力量其实是人本身的意识在生命这种力量上的转移和幻想,希望自己也能拥有自然界中的这种力量,形成一种特殊而神秘的审美感受。

(a)发芽　　　　　(b)成长　　　　　(c)开花　　　　　(d)结果

图5-19　农业景观的生命之"气"

（二）气韵生动

气韵生动,是指审美对象所表现出来的人的生命所向往的充沛、饱满的状态和活跃、灵动等特征。在艺术作品的欣赏中,我们称赞某一作品"富有气韵"或"气韵生动",其实就是认为或者意识到作品与人的生命的密切联系。著名画家李文生的水墨吸附画《涅盘》(佛语"涅槃",意为重生),表现的是生命的轮回、生生不息,其形式给人以气韵生动的审美感受。

进一步去理解,由于生命是受于父母、归于天地的,从根本上说是不以意志为转移的,所以这些气韵带有先天的生命特征和自身的规律,带有浑然天成的感觉。如果带着这种生命的情感去看待农业景观,那么人为造就的富有生命力的农田,也许就不是有意识地创造的气韵生动的艺术作品,但这种无创作意识状态下创造的生命景观,必定带有先天的气韵,在这里人的力量化作一种无形的力量,寄托于农作物生命体。在世世代代耕耘的土地上,这种力量一直在延续,久而久之人们便寄情于这些山水、植物。所以在我国古典美学中,山水都被拟人化了,山水都具有一定的功能用途,具有丰富的情感,是具有生命的。农民在天地山水之间展开农田的耕种,顺应地势、水势,与天地山水气脉相通,在立体错综之间呼吸照应、联络贯通而成气韵生动的整体。所以,当人们在创作艺术作品时,很容易联想到农业景观中的气韵,因而有了许多以农业景观作为创作题材的艺术作品。

### 五、意境美

意境是我国古代审美形态中重要的一个方面。宗白华先生认为"意境是'情'与'景'的结晶"。可见,"意"是主观的思想,即是"情","境"是客观的东西,也就是"景"。《老子》说:"大音希声,大象无形。"《庄子知北游》说:"天地有大美而不言。"在这里,"希声""无形"都是要靠想象来领会。也就是说,意境是需要人在审美过程中,用心灵去观照外界的对象,在把握对象的基础上充分展开想象,使自己的思想意识超越外在的形象,从而创造出新的意蕴和境界。概言之,情与境的结合,产生意境。

在农业景观审美中,景观是产生审美意境的基础。人们常说"触景生情",当人们置身农业景观之中,由此引发了情感的产生,从而展开充分的想象,产生不同类型的艺术效果,这就是我们从农业景观中所感受到的意境美。这种意境美,是人们身处农业景观之中所产生的想象,而产生意境的艺术形式又是多种多样的,人们可以想象成绘画或是音乐等。

#### (一)画意之境

农业景观为人们展示着一幅幅优美的画卷,这是由身临其境的人们所想象出来的,在此,画意的意境在农业景观审美欣赏中产生了。

后期印象画派代表人物文森特·梵高的眼中只有生机盎然的自然景观,他陶醉于其中,物我两忘。他视天地万物为不可分割的整体,他用全部身心,拥抱一切。1888年初,梵高因为厌倦巴黎的城市生活,来到法国南部小城阿尔寻找他向往的灿烂的阳光和无垠的农田。他租下了"黄房子",准备建立"画家之家"(又称"南方画室"),他的创作真正进入了高潮。《向日葵》《收获景象》就是这一时期的代表作品。他寄情于眼前的农田景观,创作了许多以农田景观为素材的旷世之作,如《麦田》《绿色的麦田》等,其中《麦田上的乌鸦》是最著名的一幅。而在中国水墨画中也有以农业景观为主题的作品。图中的田园水墨画表现的是典型的乡村田间景色,画面中的田地、水系、农舍、小桥和树林等,都是来源于一般自然农业景观,这就是农业景观使作者寄情于画中的表现(图5-20)。

第五章　现代农业景观审美

(a)《清明上河图》中表现农田屋舍的部分

(b)梵高《麦田》

(c)梵高《丰收景象》

(d)中国水墨画《田间》

图 5-20　绘画作品中表现的农业景观

## (二)音律之境

农业景观的审美体验,可以说是一个有声空间与无声空间互为交织、相与错综的艺术世界。天籁是"有声的音乐",是来自大自然的声音,微风吹过,油菜花哗哗浮动的声音、竹林沙沙作响的声音,以及农舍中传来几声狗吠鸡鸣等等,这些听觉融入广阔田野的空间、时间的审美之中,在主体的心灵中能够引发更多的回响。

"无声的音乐"在农田的田块里,整齐行列、健康成长的农作物之间隐含着节奏感和韵律感,连续或跳跃,这是田园的音乐印象。

贝多芬曾就《田园交响曲》"释义"问题说道:"让听众(自己)将(乐曲里的)情景摸索出来吧。"一首具有特征的交响曲,或者说,对农村生活的回忆,里面每一幅图画,假如在乐器里(被作曲家)搞得过分了,也就会消失。谁一度对生活有了一点体会,谁就不必借助许多标题而能想象作者的意图,即使不加说明,人们也会认识它的全貌——它是感受多于音画。

在这里"感受多于音画"强调的是一种情感交融,用心去"听"。如果把人的情感寄于农业景观,我们就不难体验到这种"无声的音乐"。无论人们是身处乡间的小路还是长满稻穗的稻田中,只要感受到其中景观的时空变化,便能感受到音乐的存在。试想在一望无际的农田中,从一块田到另一块田,从近到远,总会期待更远处田地里是什么样的,这充分显露了农业景观给我们带来的时空变化特征,就像欣赏音乐一样。如果借用音乐术语来形容,它也是一种"织体",只要凭借人们音乐的耳朵,特别是音乐的心灵去"听",便能感受到其中流动着或凝固着"无所不在的音乐"。

不管是"有声的音乐"还是"无声的音乐",人们只有置身于农业景观中,才能感受到农业景观给我们带来的音乐艺术意境。

由于审美形态中的表现形式(比如崇高、优美、自然朴实、气韵生动等等)与人对景观的主观审美感受十分吻合,所以从这方面来探讨农业景观所具有的美学意义更容易贴近和契合事物的本质。通过本章从中西方审美形态方面对农业景观的审美感受进行逐一的分析和印证,我们可以找到与传统审美形态中的表现形式,诸如崇高、优美、自然朴实、气韵生动等方面相符合的农业景观,并对其进行欣赏。因此,我们可以断定这些具有与审美形态中表现形式相符合的农业景观具有令人产生美感的可能。而令人可喜的是,尽管不能用简单的图示语言来表达形式美规律,我们仍然很容易看到形式美规律的影子,比如在山地环境中创作出来的雄美的梯田景观,我们可以感受到种着相同农作物的每一块梯田所呈现的整齐一律和反映出来的韵律节奏感;或是在春天的桃花盛开的季节里,在恬静柔媚的田间,农作物与花木之间色彩的对比和景观中各要素的多样与统一。

# 第六章

# 现代农业生态产品审美

## 第一节 瓜、果、菜、蔬审美

### 一、瓜 果

#### (一)分 类

(1)瓜类有西瓜、甜瓜、香瓜、哈密瓜、木瓜、乳瓜等。
(2)浆果类有草莓、蓝莓、黑莓、桑葚、覆盆子、葡萄、青提、红提等。
(3)柑橘类有蜜橘、砂糖橘、金橘、蜜柑、甜橙、脐橙、西柚、葡萄柚、柠檬、文旦、莱姆等。
(4)核果类有桃(油桃、蟠桃、水蜜桃、黄桃等)、李子、樱桃、杏、青梅、杨梅、西梅、乌梅、大枣、沙枣、海枣、蜜枣、橄榄、荔枝、龙眼(桂圆)、槟榔等。
(5)仁果类有苹果(红富士、红星、国光、秦冠、黄元帅等)、梨(砂糖梨、黄金梨、莱阳梨、香梨、雪梨、香蕉梨等)、蛇果、海棠果、沙果、柿子、山竹、黑布林、枇杷、杨桃、山楂、圣女果、无花果、白果、罗汉果、火龙果、猕猴桃等。
(6)其他水果有菠萝、芒果、栗子、椰子、芭乐、榴莲、香蕉、甘蔗、百合、莲子、石榴、核桃、拐枣等。

#### (二)形态、色泽及营养

水果色泽分为黄色、白色、红色、绿色、紫黑色等。

1. 黄色水果

黄色水果的代表有柠檬、芒果、橙子、木瓜、柿子、菠萝、橘子等,它们都含有天然抗氧化剂β-胡萝卜素。这是迄今为止防止病毒活性最有效的成分,可以提高机体的免疫功能。而柑橘类水果中的桔色素还有抗癌的功效,它的作用可能比β-胡萝卜素更强。此外,作为心脏的保护因子,常见于绿色叶菜中的维生素C和叶酸,在黄色水果里也很丰富。

(1)橘子(图6-1)。橘是芸香科柑橘属的一种水果。"橘"(jú)和"桔"(jú)都是现代汉语规范字,然而"桔"作"橘子"一义时,为"橘"的俗写。在广东的一些方言中两字同音,"桔"也曾做过"橘"的简字。闽南语称"橘"为"柑仔",西南官话区的各方言中呼其为"柑子"或"柑儿"。

图6-1 橘子

图6-2 橘子树

橘子树(图6-2)分枝较多,枝扩展或略下垂,刺较少。果形通常为扁球形至近圆球形,果皮或薄而光滑,或厚而粗糙,呈淡黄色、朱红色或深红色,易剥离,橘络甚多,呈网状,易分离,通常柔嫩,中心柱大而常空。稀充实,瓢囊7～14瓣,囊壁薄或略厚,柔嫩或颇韧,果肉酸或甜,或另有特异气味。种子或多数或少数,通常为卵形,顶部狭尖,基部浑圆,子叶深绿、淡绿或间有近于乳白色,多胚,少有单胚。花期在4—5月,果期在10—12月。

橘子甘甜味美、酸而爽口,以温州、黄岩者为佳。其全身皆是宝,中医认为其性味甘,酸而温,无毒,具有润肺止咳、开胃生津、健脾止泻、行气宣痹、舒肝解郁等多种效用。其含有橙皮苷、柠檬酸、还原糖、苹果酸、维生素A、维生素C、维生素D、核黄素、烟酸以及多种微量元素。每100克中含水分85.6克,蛋白质1.2克,脂肪0.2克,膳食纤维0.1克,碳水化合物12.5克,灰分0.4克,胡萝卜素5140微克。对上呼吸道感染、气管炎、胃肠道疾病,特别是对妇科乳腺炎、乳房结核、乳汁不畅等症状皆有所益。其皮有祛痰止咳良效,有抗血栓、利胆、扩张支气管、增加心输出量、防止微血管出血等多种效用。核对疝气痛、睾丸肿痛、乳房结块有良好效果。络可行气通络、化痰止咳。叶为疏肝行气、散结消肿之佳品,尤对胁肋作痛、乳痛、乳房结块等有很好的效果。橘子不宜空腹或大量进食,如过多食用易患胡萝卜素血症,出现精神萎靡、食欲不振、恶心呕吐、全身皮肤变黄症状,且会刺激胃黏膜产生胀闷感,消化不良等。

(2)梨(图6-3)。梨有百果之宗的盛誉,全国盛产,品种很多,有冬果梨、鹅黄梨、早酥梨、红肖梨、锦丰梨、京白梨、库尔勒梨、莱阳梨、砀山梨、马蹄黄梨、雪花梨等。

图6-3 梨

图6-4 梨树

梨的通常品种是一种落叶乔木或灌木,极少数品种为常绿,属于被子植物门双子叶植物纲蔷薇科苹果亚科(图6-4)。叶片多呈卵形,大小因品种不同而各异。花为白色,或略带黄色、粉红色,有5瓣。果实形状有圆形的,也有基部较细尾部较粗的,即俗称的"梨形";不同品种的梨果皮颜色大相径庭,有黄色、绿色、黄中带绿、绿中带黄、黄褐色、绿褐色、红褐色、褐色，个别品种亦有紫红色。野生梨的果径较小，在1~4厘米，而人工培植的品种果径可达8厘米，长度可达18厘米。

在古代，砀山梨曾为宫廷贡品。中医认为，梨味甘、微酸、性偏凉，归肺、胃经，有润肺清热、清痰降火、清胃泻热、养阴生津、滋肾补虚及润肠通便等作用。其中蛋白质含量以苏木梨最高，膳食纤维含量以新疆库尔勒梨最多，碳水化合物含量以明目梨为上，胡萝卜素含量以雪花梨最高。梨的主要功效以清肺化痰见长，由肺热胃热引起的咳嗽、干咳、百日咳、黄痰、咽干口燥、音哑以及便秘等，以及肺、胃、肾等诸脏出现阴津亏虚之症皆可选用。

（3）香蕉（图6-5）。香蕉芭蕉科芭蕉属植物，又指其果实，在热带地区广泛种植。植株为大型草本，植株丛生，具匍匐茎，矮型的高3.5米以下，一般不及2米，高型的高4~5米，假茎均浓绿而带黑斑，披白粉，尤以上部为多。

图6-5　香蕉

图6-6　香蕉树

叶片为长圆形，长2~2.2米，宽60~70厘米，先端钝圆，基部近圆形，两侧对称，叶面为深绿色，无白粉，叶背呈浅绿色，披白粉；叶柄短粗，长通常在30厘米以下，叶翼显著，张开，边缘呈褐红色或鲜红色。穗状花序下垂，花序轴密有褐色绒毛，苞片外面紫红色，披白粉，内面深红色，但基部略淡，具光泽，雄花苞片不脱落，每苞片内有花2列。花为乳白色或略带浅紫色，离生花被片为近圆形，全缘，先端有锥状急尖，合生花被片的中间两侧生小裂片，长约为中央裂片的1/2。最大的果丛有果360个之多，重可达32千克，一般的果丛有果8~10段，约有果150~200个。果身弯曲，略为浅弓形，幼果向上，直立，成熟后逐渐趋于平伸，长12~30厘米，直径3.4~3.8厘米。果棱明显，有4~5棱，先端渐狭，非显著缩小。果柄短，果皮青绿色，在高温下催熟，果皮呈绿色带黄，在低温下催熟，果皮则由青变为黄色，并且生麻黑点（即"梅花点"）。果肉松软，黄白色，味甜，无种子，香味特浓（图6-6）。

香蕉属高热量水果，据分析，每100克果肉的发热量达381千焦。在一些热带地区，香蕉还作为主要粮食。香蕉果肉的营养价值颇高，每100克果肉含碳水化合物20克、蛋白质1.2克、脂肪0.6克；此外，还含多种微量元素和维生素。其中，维生素A能促进生长，增强对疾病的抵抗力，是维持正常的生殖力和视力所必需的维生素；硫胺素能抗脚气病、激发食欲、助消化、保护神经系统；核黄素能促进人体正常生长和发育。

香蕉除了能平稳血清素和褪黑素外，它还含有让肌肉松弛的镁元素，工作压力比较大的朋友可以多食用。香蕉又名蕉子、蕉果、甘蕉，被人们称为水果中的"巨人"，含有丰富的营养成分。中医认为其性味甘寒微涩，归心胃、大肠经，有清热止渴、清胃凉血、润肠通便、降压利尿、润肺化痰、清热生津之效，对上火引起的烦渴、腹泻、便秘、便血、眩晕、烫伤、咽喉肿痛、咳嗽、肺痈皆有效果。香蕉含有蛋白质、脂肪、胡萝卜素、核黄素、钙、钾、铁等多种微量元素,维生素A、维生素B、维生素C等,5-羟色胺、去甲肾上腺素、二羟基苯乙胺等,对动脉硬化、胆固醇高、冠心病、脑梗死、高血压都有良好的效果。此外对痈疮、烧烫伤、皲裂作用良好。香蕉较寒,因而脾胃虚弱的人慎食,尤忌空腹服,因为空腹食用会使血液中的镁、钙比例失调,对心血管产生抑制作用。

2. 红色水果

红色水果的代表有苹果、草莓、樱桃、番茄、石榴等,其根源为类胡萝卜素,具有抗氧化作用,能清除自由基,抑制癌细胞形成,提高人体免疫力。此外,由于红色水果所含的热量大都很低,因此常吃能令人身体健康,体态轻盈。

在众多颜色中,红色应该是最醒目、最热情、最喜庆的一种。红色不仅让人容易联想到激情,还是一种与健康息息相关的颜色,它不时出现在我们的正餐和零食中,不仅有蔬菜,还有水果,下面我们就来说说红色水果对人体都有哪些益处。

(1)樱桃(图6-7)。樱桃是某些李属类植物的统称,包括樱桃亚属、酸樱桃亚属、桂樱亚属等。植株为乔木(图6-8),高2~6米,树皮灰白色,小枝灰褐色,嫩枝绿色,无毛或有疏柔毛;冬芽呈卵形,无毛。

图6-7 樱桃　　　　　　　　　图6-8 樱桃树

果实可以作为水果食用,外表色泽鲜艳、晶莹美丽、红如玛瑙、黄如凝脂,果实富含糖、蛋白质、维生素及钙、铁、磷、钾等多种元素。

樱桃中铁的含量较高,每百克樱桃中含铁量多达5.9毫克,居于水果首位。维生素A、胡萝卜素含量比葡萄、苹果、橘子多4~5倍。此外,樱桃中还含有维生素B、维生素C及钙、磷等矿物元素。每100克含水分83克,蛋白质1.4克,脂肪0.3克,糖8克,碳水化合物14.4克,热量276千焦,粗纤维0.4克,灰分0.5克,钙18毫克,磷18毫克,铁5.9毫克,胡萝卜素0.15毫克,硫胺素0.04毫克,核黄素0.08毫克,烟酸0.4毫克,抗坏血酸900毫克,钾258毫克,钠0.7毫克,镁10.6毫克。

红色的酸樱桃可以缓解关节炎的疼痛,美国密歇根州的研究员发现酸樱桃的缓痛作用要比阿司匹林有效10倍。同时酸樱桃还可以降尿酸,辅助治疗痛风,其中的黄酮和花青苷可以阻止低密度脂蛋白胆固醇(坏胆固醇)的氧化,保护心脏。每百克樱桃(野、白刺)中铁的含量高达11.4毫克,常食樱桃可补充体内对铁元素的需求,促进血红蛋白再生,即可防治缺铁性贫血。

(2)苹果(图6-9)。苹果是蔷薇科苹果亚科苹果属植物,其树为落叶乔木。苹果的果实富含矿物质和维生素,是人们经常食用的水果之一。

图6-9　苹果

图6-10　苹果树

苹果树(图6-10)可高达15米,树干灰褐色,老皮有不规则的纵裂或片状剥落,小枝幼时密生绒毛,后变光滑,为紫褐色。叶序为单叶互生,椭圆形到卵形,长4.9~10厘米,先端尖,缘有圆钝锯齿,幼时两面有毛,后表面光滑,为暗绿色。花白色带红晕,径3~5厘米,花梗与花萼均具有灰白色绒毛,萼叶长尖,宿存,雄蕊20个,花柱5个,大多数品种自花不育,需种植授粉树。果为略扁之球形,径5厘米以上,两端均凹陷,端部常有棱脊。花期在4—6月,果期在7—11月。

苹果是美容佳品,既能减肥,又可使皮肤润滑柔嫩。苹果是种低热量食物,每100克只产生251千焦热量;苹果中的营养成分可溶性大,易被人体吸收,故有"活水"之称,有利于溶解硫元素,使皮肤润滑柔嫩。苹果中含有铜、碘、锰、锌、钾等元素,人体如缺乏这些元素,皮肤就会变得干燥、易裂、奇痒。

苹果中的维生素C是心血管的保护神、心脏病患者的健康元素。

"一天一苹果,医生远离我。"苹果含有丰富的膳食纤维——果胶。果胶有保护肠壁、活化肠内有用的细菌、调整胃肠的作用,还有吸收水分、消除便秘、稳定血糖、吸附胆汁和胆固醇的作用,能够有效地防止"三高",清理肠道,预防大肠癌。苹果中的柠檬酸和苹果酸能增加胃液的分泌,促进消化。苹果的香气可以有效消除压抑感,改善睡眠。英国《食品化学》杂志刊登的加拿大一项新研究发现,苹果连皮吃调脂降压的效果更好。

(3)西瓜(图6-11)。西瓜是一年生蔓生藤本植物;茎、枝粗壮,具明显的棱。卷须较粗壮,具短柔毛,叶柄粗,密披柔毛;叶片纸质,轮廓为三角状卵形,带白绿色,两面具短硬毛,叶片基部心形。雌雄同株,雌、雄花均单生于叶腋。雄花花梗长3~4厘米,密被黄褐色长柔毛;花萼为筒宽钟形;花冠淡黄色;雄蕊近离生,花丝短,药室折曲。雌花的花萼和花冠与雄花同;子房卵形,柱头肾形。果实大型,近于球形或椭圆形,肉质多汁,果皮光滑,色泽及纹饰各式(图6-12)。种子多数,为卵形,有黑色、红色,两面平滑,基部钝圆,通常边缘稍拱起,花果期在夏季。

图6-11　西瓜

图6-12　西瓜藤

西瓜堪称"盛夏之王",清爽解渴,味道甘甜多汁,是盛夏佳果。西瓜除不含脂肪和胆固醇外,含有大量葡萄糖、苹果酸、果糖、精氨酸、番茄素及丰富的维生素C等物质,是一种富有很高的营养、纯净的安全食品。瓤肉含糖量一般为5%~12%,包括葡萄糖、果糖和蔗糖。甜度随成熟后期蔗糖的增加而增加。

西瓜果肉含蛋白质、葡萄糖、蔗糖、果糖、苹果酸、瓜氨酸、谷氨酸、精氨酸、磷酸、丙氨酸、丙酸、乙二醇、甜菜碱、腺嘌呤、蔗糖、萝卜素、胡萝卜素、番茄烃、六氢番茄烃、维生素A、维生素B、维生素C,挥发性成分中含多种醛类。

西瓜种子含脂肪油、蛋白质、维生素$B_2$、淀粉、戊聚糖、丙酸、尿素、蔗糖等。西瓜皮富含维生素C、维生素E。

每100克西瓜含有450毫克的胡萝卜素,其中番茄红素含量比生西红柿高40%,西瓜含有大量的水分,能帮助人体有效地吸收番茄红素。番茄红素是类胡萝卜素的一种,是一种很强的抗氧化剂,具有极强的清除自由基的能力,对防治前列腺癌、肺癌、消化道癌、子宫癌等有显著效果。西瓜还是最佳的"护心"水果,可以预防心脑血管疾病、提高免疫力,每天吃一片西瓜,可以使心脏病危险度降低30%。

(4)草莓(图6-13)。草莓是多年生草本植物。高10~40厘米,茎低于叶或近相等,密披开展黄色柔毛。叶三出,小叶具短柄,质地较厚,呈倒卵形或菱形,上面深绿色,几无毛,下面淡白绿色,疏生毛,沿脉较密;叶柄密披开展黄色柔毛。聚伞花序,花序下面具一短柄的小叶;花两性;萼片卵形,比副萼片稍长;花瓣白色,呈近圆形或倒卵椭圆形(图6-14)。聚合果大,宿存萼片直立,紧贴于果实;瘦果呈尖卵形,光滑。花期在4—5月,果期在6—7月。

图6-13 草莓

图6-14 草莓植株

草莓营养价值丰富,被誉为是"水果皇后",含有丰富的维生素C、维生素A、维生素E、维生素PP、维生素$B_1$、维生素$B_2$、胡萝卜素、鞣酸、天冬氨酸、铜、草莓胺、果胶、纤维素、叶酸、铁、钙、鞣花酸与花青素等营养物质。尤其是所含的维生素C含量比苹果、葡萄都高7~10倍。而所含的苹果酸、柠檬酸、维生素$B_1$、维生素$B_2$,以及胡萝卜素、钙、磷、铁的含量也比苹果、梨、葡萄高3~4倍。

草莓所含的热量较低,碳水化合物、维生素和微量元素含量比较丰富。草莓含有丰富的膳食纤维,可以帮助消化、通便。草莓是鞣酸含量丰富的水果,鞣酸在体内可以阻止致癌化学物质的吸收,具有防癌的作用。因草莓富含大量的抗坏血酸、凝集素和果胶,它可以成为降低血液中胆固醇含量的理想水果。医学认为,草莓性凉味酸,具有润肺生津、清热凉血、健脾的功效。

(5)红枣(图6-15,图6-16)。我国的草药书籍《本经》中记载到,红枣味甘性温,归脾、胃经,有补中益气、养血安神、缓和药性的功能;而现代的药理学则发现,红枣含有蛋白质、糖类、有机酸、维生素A、维生素C、多种微量钙以及氨基酸等丰富的营养成分。枣是养颜护肤的理想水果。每100克鲜枣的维生素C含量高达243毫克,维生素C能够促进骨胶原的合成,利于伤口的愈合;促进氨基酸中酪氨酸和色氨酸的代谢,延长人的寿命,提高铁、钙和叶酸的利用率。大枣不仅能美白养颜还能提高人体免疫力,可阻断致癌物N-亚硝基化合物的合成,预防癌症;药理研究发现,红枣能促进白细胞的生成,降低血清胆固醇,提高人血白蛋白,保护肝脏。

图6-15 红枣

图6-16 红枣树

3. 白色水果

白色水果的代表有柚子、人参果、凤梨、荔枝、白桃等,含硫化物,可降低胆固醇。

(1)柚子(图6-17)。柚为芸香科柑橘属乔木。嫩枝、叶背、花梗、花萼及子房均披柔毛,嫩叶通常为暗紫红色,嫩枝扁且有棱。叶质颇厚,色浓绿,阔卵形或椭圆形;总状花序,有时兼有腋生单花;花蕾淡紫红色,少有乳白色;花萼不规则,5~3浅裂;花柱粗长,柱头略较子房大。果圆球形、扁圆形、梨形或阔圆锥状,横径通常在10厘米以上(图6-18);种子多达200余粒,亦有无籽的,形状不规则,通常近似长方形;子叶乳白色,单胚。花期在4—5月,果期在9—12月。

图6-17 柚子

图6-18 柚子树

柚子的栽培地在我国长江以南各地,最北限见于河南省信阳及南阳一带,东南亚各国也有栽种。

柚子果肉的维生素C含量较高,有消食、解酒毒功效。柚子含有糖类、维生素$B_1$、维生素$B_2$、维生素C、维生素P、胡萝卜素、钾、磷、枸橼酸等。柚皮的主要成分有柚皮苷、新橙皮苷等,柚核含有脂肪油、黄柏酮、黄柏内酯等。柚子营养丰富,每100克可食部分含水分84.8克,蛋白质0.7克,脂肪0.6克,碳水化合物12.2克,热量239千焦,粗纤维0.8克,钙41毫克,磷43毫克,铁0.9毫克,胡萝卜素0.12毫克,硫酸素0.07毫克,核黄素0.02

毫克,烟酸0.5毫克,抗坏血酸41毫克。现代医药学研究发现,柚肉中含有非常丰富的维生素C以及类胰岛素等成分,故有降血糖、降血脂、减肥、美肤养容等功效,经常食用对高血压、糖尿病、血管硬化等疾病有辅助治疗作用,对肥胖者有健体养颜功能。柚子还具有健胃、润肺、补血、清肠、利便等功效,可促进伤口愈合,对败血症等有良好的辅助疗效。

(2)人参果(图6-19)。人参果原名为香瓜茄,学名为南美香瓜茄,又名长寿果、凤果、艳果,亦可称仙果、香艳梨、艳果。原产于南美洲,属茄科类多年生双子叶草本植物。果实成熟时果皮呈金黄色,外形似人的心脏。株高60~150厘米,茎基部木质化,茎节上易发生不定根(图6-20)。基部叶为椭圆形,上部叶形如番茄,有些经过人工处理便会有僧人、神仙等的图案。其果肉味道独特、脆爽多汁、不酸不涩,和酸角一样,是一种受欢迎的水果。

图6-19　人参果

图6-20　人参果树

人们通常所说的人参果是一种产于我国甘肃省武威市民勤县、酒泉市玉门市等地区日光温室里面的一种高营养水果。甘肃省武威市民勤县也被称为我国人参果之乡。

人参果的果肉清香多汁,腹内无核,风味独特,具有高蛋白、低脂肪、低糖等特点,同时富含蛋白质、氨基酸以及微量元素、维生素与矿物元素,具有保健功效。它是一种营养较为全面的蔬果两用食品。我国四大名著之一《西游记》中提及此果并加入了神话色彩。人参果可食率达95%以上,据化验分析,每100克成熟鲜果中,含蛋白质1.9克,是黄瓜、番茄的2倍,鸭梨、金帅苹果的9倍;总糖3.1克,与黄瓜、番茄相近,而远低于鸭梨与金帅苹果;粗脂肪0.2克,与黄瓜、番茄相等;维生素C 130毫克,是梨与苹果的32倍,黄瓜的14倍,番茄的6.8倍;维生素B 10.25毫克,是番茄、黄瓜的8倍,苹果的5倍;胡萝卜素0.9毫克,是番茄的2倍,黄瓜的10倍;总氨基酸1818毫克,必需氨基酸253毫克,均远比黄瓜、番茄、梨与苹果高;特别是微量元素硒高达15微克,分别是黄瓜、番茄、梨、苹果的8.8倍、22倍、12倍、11倍;还有钼3.44毫克、镁11.2毫克、铁6.59毫克、锌1.14毫克、锰0.39毫克、钴0.332毫克等。可以看出,人参果所含的营养成分既高又全面,食用能补充人体所需,具有较高的营养价值。

4. 紫黑色水果

紫黑色水果的代表有葡萄、黑莓、蓝莓和李子等。紫黑色水果含有能消除眼睛疲劳的原花青素,这种成分还能增强血管弹性,防止胆固醇囤积,是预防癌症和动脉硬化最好的成分。相比浅色水果,紫黑色水果含有更丰富的维生素C,可以增加人体的抵抗力。

此外,紫黑色水果中钾、镁、钙等矿物质的含量也高于普通水果,这些离子多以有机酸盐的形式存在于水果当中,对维持人体的离子平衡有至关重要的作用。

(1)蓝莓。蓝莓(图6-21),属杜鹃花科,越橘属植物。起源于北美洲,多年生灌木小浆果果树。果实呈蓝色,色泽美丽,蓝色被一层白色果粉包裹,果肉细腻,种子极小(图6-22)。蓝莓果实平均重0.5~2.5克,最大重5克,可食率为100%,甜酸适口,且具有香爽宜人的香气,为鲜食佳品。

图6-21 蓝莓　　　　　　　　　图6-22 蓝莓树

蓝莓果实中除了常规的糖、酸和维生素C外,富含维生素E、维生素A、维生素B、超氧化物歧化酶、熊果苷、蛋白质、花青苷、食用纤维以及丰富的钾、铁、锌、钙等矿质元素。根据吉林农业大学小浆果研究所对国外引种的14个蓝莓品种分析,其果实中花青苷色素含量高达163毫克/100克,鲜果维生素E含量9.3毫克/100克,是其他水果如苹果、葡萄的几倍甚至几十倍。总氨基酸含量为0.254%,比氨基酸含量丰富的山楂还高。

蓝莓果实具有防止脑神经老化、保护视力、强心、抗癌、软化血管、增强人机体免疫等功能。蓝莓不仅富含常规营养成分,而且还含有极为丰富的黄酮类和多糖类化合物,因此又被称为"水果皇后"和"浆果之王"。

(2)葡萄(图6-23)。葡萄为葡萄科葡萄属木质藤本植物,小枝圆柱形,有纵棱纹,无毛或披稀疏柔毛;叶卵圆形,圆锥花序密集或疏散,基部分枝发达;果实为球形或椭圆形,直径1.5~2厘米(图6-24);种子为倒卵椭圆形,顶短近圆形,基部有短喙,种脐在种子背面中部呈椭圆形,种脊微突出,腹面中棱脊突起,两侧为洼穴宽沟状,向上达种子1/4处。花期在4—5月,果期在8—9月。

图6-23 葡萄　　　　　　　　　图6-24 葡萄藤

葡萄与大多数作物类似,其生长所需营养元素大约有17种:碳、氢、氧、氮、磷、钾、钙、镁、硫、铁、锰、锌、铜、硼、钼、氯、钴,其中碳和氧是光合作用时得自空气中的二氧化碳,氢则来自土壤中的水分,其余各元素除了氮外,多数由根部从土壤中吸收,它们的比例关系为:作物新鲜组织的94%~99.5%是由空气和水的碳氢氧组合而成,而只有约0.5%~6%是来自土壤中的营养元素。化学肥料主要提供氮、磷、钾三要素,有些化肥也含有大量钙、镁、硫,使用化肥的效果虽然明显,但过量使用易造成肥害,尤其是钾肥,用量应小心。而有机肥料营养元素含量较低,可大量使用,且对土壤的物理、化学、生物性质均有改良效果。另外可视土壤情况添加土壤改良剂,一般情况下,强酸性土壤较易缺乏磷、钾、钙、镁、矽、钼、锌、铜、硼等元素;碱性或石灰质土壤则较易缺乏氮、磷、铁、锰、锌、铜等元素。营养补充多数采取基肥、追肥、叶面施肥3种方式,基肥为冬眠或采收后使用,追肥为开花后在雨后或浇水后撒施化学肥料,pH在6.0以下的土壤可追施白云石粉或石灰。

葡萄既可做水果生食,也可酿酒或制作葡萄干,此外,还可用于装饰。葡萄因颜色鲜艳、味道鲜美,而且具有很高的营养价值,被人们称为"水晶明珠"。

(3)李子(图6-25,图6-26)。李子是蔷薇科李属植物,别名嘉庆子、布霖、李子、玉皇李、山李子。核果为球形、卵球形或近圆锥形,直径3.5~5厘米,栽培品种可达7厘米,黄色或红色,有时为绿色或紫色,梗凹陷,顶端微尖,基部有纵沟,外披蜡粉;核呈卵圆形或长圆形,有皱纹。其果实在7—8月间成熟,饱满圆润,玲珑剔透,形态美艳,口味甘甜。

图6-25 李子

图6-26 李子树

李子的营养略低于桃子,含糖、微量蛋白质、脂肪、胡萝卜素、维生素$B_1$、维生素$B_2$、维生素C、烟酸、钙、磷、铁、天门冬素、谷酰胺、丝氨酸、甘氨酸、脯氨酸、苏氨酸、丙氨酸等成分。

每100克李子的可食部分中,含有能量117.2~221.9千焦,糖8.8克,蛋白质0.7克,脂肪0.25克,维生素A(胡萝卜素)100~360微克,烟酸0.3毫克,钙6毫克以上,磷12毫克,铁0.3毫克,钾130毫克,维生素C 2~7毫克,另外含有其他矿物质、多种氨基酸、天门冬素及纤维素等。

李子味酸,能促进胃酸和胃消化酶的分泌,并能促进胃肠蠕动,因而有改善食欲、促进消化的作用,尤其对胃酸缺乏、食后饱胀、大便秘结者有效。新鲜李肉中的丝氨酸、甘氨酸、脯氨酸、谷酰胺等氨基酸,有利尿消肿的作用,对肝硬化有辅助治疗效果。其含有多种营养成分,有养颜美容、润滑肌肤的作用。

5. 绿色水果

绿色水果包括:哈密瓜、甜瓜、猕猴桃、青苹果、香瓜、牛油果、橄榄、青枣、番石榴、蜜释迦等。

(1)猕猴桃(图6-27,图6-28)。猕猴桃,也称奇异果(奇异果是猕猴桃的一个人工选育品种,因使用广泛而成了猕猴桃的代称)。猕猴桃的质地柔软,口感酸甜,味道被描述为草莓、香蕉、菠萝三者的混合。果实呈卵形、长圆形,横截面半径约3厘米,密披黄棕色有分枝的长柔毛。其大小和一个鸭蛋差不多(约6厘米高、圆周4.5~5.5厘米)。深褐色并带毛的表皮一般不食用,其内则是呈亮绿色的果肉和多排黑色的种子。

图6-27　猕猴桃　　　　　　　　　　图6-28　猕猴桃藤

被誉为"水果之王"的猕猴桃,酸甜可口,营养丰富,是老年人、儿童、体弱多病者的滋补果品。它除了含有丰富的维生素C、维生素A、维生素E以及钾、镁、纤维素之外,还含有其他水果比较少见的营养成分——叶酸、胡萝卜素、钙、黄体素、氨基酸、天然肌醇。猕猴桃的营养价值远超过其他水果,它的钙含量是葡萄柚的2.6倍、苹果的17倍、香蕉的4倍,维生素C的含量是柳橙的2倍。

(2)青苹果(图6-29,图6-30)。颜色青,果酸含量高,有利于美容。青苹果中含有叶黄素或玉米黄质,它们的抗氧化作用能使视网膜免遭损伤,具有保护视力的作用。

青苹果含碳水化合物、苹果酸、柠檬酸、胡萝卜素、维生素B、维生素C。苹果酸可以稳定血糖,维生素C可防止心肌炎。青苹果有补心益气、生津止渴、健胃及止泻功效。此外,苹果具有减肥作用,肥胖者适当多吃苹果,可减少对其他食物的摄入量,达到减肥效果。医学认为苹果具有生津止渴、润肺除烦、健脾益胃、养心益气、润肠、止泻、解暑、醒酒等功效。

图6-29　青苹果　　　　　　　　　　图6-30　青苹果树

(3)香瓜(图6-31,图6-32)。瓜科植物的果实具多室及多种子,和浆果很像,但是这些果实的花托与外果皮愈合,常形成厚厚的外皮,在分类上特别称之为"瓜果",香瓜就是一个典型的例子。

香瓜的果实由五个心皮构成,种子着生于心皮的边缘,属于侧膜胎座,而每个心皮的中央皆有一片由中肋衍生形成的假隔膜。大多肉质果皆靠动物的采食来散播种子,而未受动物们青睐的果实就得等瓜熟蒂落、果皮腐烂后,种子才有机会萌发。

图 6-31　香瓜　　　　　　　　图 6-32　香瓜藤

香瓜的种子周围裹着一层甜甜的、富含养分的黏液,这层黏液除了引诱鸟儿啄食种子外,也可以提供种子萌发时所需要的营养。

其果肉生食,止渴清燥,可消除口臭,但瓜蒂有毒,生食过量,即会中毒。据有关专家鉴定,各种香瓜均含有苹果酸、葡萄糖、氨基酸、甜菜茄、维生素 C 等丰富营养,对感染性高烧、口渴等,都具有很好的缓解作用。

每 100 克香瓜中,含热量 109 千焦,膳食纤维 0.4 克,蛋白质 0.4 克,脂肪 0.1 克,碳水化合物 6.2 克。实验结果表明,香瓜的成分中含有的"葫芦素"具有抗癌作用,能防止癌细胞扩散。中医认为它具有镇咳祛痰作用的成分,还具有消化作用,对便秘也有效果。

## 二、蔬　菜

### (一)分　类

我国普遍栽培的蔬菜虽约有 20 多个科,但常见的一些种或变种主要集中在 8 大科。

(1)十字花科:包括萝卜、芫菁、白菜(含大白菜、白菜亚种)、甘蓝(含结球甘蓝、苤蓝、花椰菜、青花菜等变种)、芥菜(含根介菜、雪里蕻变种)等。

(2)伞形科:包括芹菜、胡萝卜、小茴香、芫荽等。

(3)茄科:包括番茄、茄子、辣椒(含甜椒变种)。

(4)葫芦科:包括黄瓜、西葫芦、南瓜、笋瓜、冬瓜、丝瓜、瓠瓜、苦瓜、佛手瓜等。

(5)豆科:包括菜豆(含矮生菜豆、蔓生菜豆变种蔬菜)、豇豆、豌豆、蚕豆、毛豆(即大豆)、扁豆、刀豆等。

(6)百合科:包括韭菜、大葱、洋葱、大蒜、韭葱、金针菜(即黄花菜)、石刁柏(芦笋)、百合等。

(7)菊科:包括莴苣(含结球莴苣、皱叶莴苣变种)、莴笋、茼蒿、牛蒡、菊芋、朝鲜蓟等。

(8)藜科:包括菠菜、甜菜(含根甜菜、叶甜菜变种)等。

### (二)蔬菜色泽

1. 绿色蔬菜

绿色蔬菜(图 6-33)中含有丰富的叶酸,而叶酸已被证实为防止胎儿神经管畸形的"灵丹"之一。同时,大量的叶酸可有效地清除血液中过多的同型半胱氨酸而起到保护心脏的作用。此外,绿色蔬菜也是享有"生命元素"称号的钙元素的最佳来源,其蕴藏量较通常认为的含钙"富矿"牛奶还要多,故吃"绿"被营养学家视为最好的补钙途径。

而且绿色蔬菜还含有丰富的维生素C、维生素$B_1$、维生素$B_2$、胡萝卜素及多种微量元素,对高血压及失眠者有一定的镇静作用,并有益肝脏。绿色蔬菜还含有酒石黄酸,能阻止糖类变成脂肪。

图6-33　绿色蔬菜

图6-34　黄色蔬菜

2. 黄色蔬菜

黄色蔬菜(图6-34)如南瓜、黄豆、花生等富含两种维生素:维生素A和维生素D。维生素A能保护胃肠黏膜,防止胃炎、胃溃疡等疾患发生;维生素D有促进钙、磷两种矿物元素吸收的作用,对于儿童佝偻病、青少年近视、中老年骨质疏松症等常见病有一定预防功效。故这些人群的饮食偏重一点儿黄色食物无疑是明智之举。

韭黄、南瓜、胡萝卜等,富含维生素E,能减少皮肤色斑,延缓衰老,对脾、胰等脏器有益,并能调节胃肠消化功能。黄色蔬菜及绿色蔬菜所含的黄碱素有较强的抑癌作用。

3. 红色蔬菜

红色蔬菜(图6-35)有西红柿、红辣椒、红萝卜等,能提高人们的食欲和刺激神经系统的兴奋。红色食品中含有的胡萝卜素和其他红色素一起,能增加人体抵抗组织中细胞的活力。另外,胡萝卜所含的胡萝卜素可在体内转化为维生素A,发挥护卫人体上皮组织如呼吸道黏膜的作用,常食之同样可以增强人体抗御感冒的能力。

图6-35　红色蔬菜

图6-36　紫色蔬菜

4. 紫色蔬菜

紫色蔬菜(图6-36)中含有花青素,具有强力的抗血管硬化作用,从而可阻止心脏病发作和由血凝块形成引起的脑中风。它们有调节神经和增加肾上腺分泌的功效。最近的研究还发现紫茄子比其他蔬菜含更多的维生素P,它能增强身体细胞之间的黏附力,提高微血管的强力,降低脑血管栓塞的概率。这类食物有黑草莓、樱桃、茄子、李子、紫葡萄、黑胡椒粉、紫茄子、扁豆等。

### 5. 黑色蔬菜

黑色蔬菜(图6-37)有黑茄子、黑木耳等,能刺激人的内分泌和造血系统,促进唾液的分泌。黑木耳含有一种能抗肿瘤的活性物质,可防治食道癌、肠癌、骨癌。紫菜、黑米、乌骨鸡等黑色食物可明显降低动脉硬化、冠心病、脑中风等严重疾病的发生概率。此外,黑木耳可防治尿路结石,乌骨鸡能调理女性月经等。

图6-37 黑色蔬菜

图6-38 白色蔬菜

### 6. 白色蔬菜

白色蔬菜(图6-38)有冬瓜、茭白、莲藕、竹笋、白萝卜等,对调节视觉和安定情绪有一定的作用,对高血压和心肌病患者有益处。

### (三)营养价值

蔬菜的营养物质主要包含矿物质、维生素、纤维等,这些物质的含量越高,蔬菜的营养价值也越高。此外,蔬菜中的水分和膳食纤维的含量也是重要的营养品质指标。通常情况下,水分含量高、膳食纤维少的蔬菜鲜嫩度较好,其食用价值也较高。但从保健的角度来看,膳食纤维也是一种必不可少的营养素。蔬菜的营养素不可低估,1990年国际粮农组织统计人体必需的维生素C的90%、维生素A的60%均来自蔬菜,可见蔬菜对人类健康的贡献之巨大。此外,蔬菜中还有多种植物化学物质是被公认的对人体健康有益的成分,如类胡萝卜素、二丙烯化合物、甲基硫化合物等,许多蔬菜还含有独特的微量元素,对人体具有特殊的保健功效,如西红柿中的番茄红素、洋葱中的前列腺素等。

据估计,现今世界上有20多亿或更多的人因受到环境污染而引起多种疾病,如何解决因环境污染产生大量氧自由基的问题日益受到人们的关注。解决的有效办法之一,是在食物中增加抗氧化剂协同清除过多有破坏性的活性氧、活性氮。研究发现,蔬菜中有许多维生素、矿物质微量元素以及相关的植物化学物质、酶等都是有效的抗氧化剂,所以蔬菜不仅是低糖、低盐、低脂的健康食物,还能有效地减轻环境污染对人体的损害,同时蔬菜还对各种疾病起预防作用。

十字花科甘蓝类蔬菜如青花菜、花菜、甘蓝、叶甘蓝、芥蓝等含有吲哚类(13C)萝卜硫素、异硫氰酸盐、类胡萝卜素、维生素C等,对防治肿瘤、心血管病有较好的作用,特别是青花菜。

芦笋含有丰富的谷胱甘肽、叶酸,对防止新生儿脑神经管缺损、防肿瘤有良好作用。

胡萝卜中含有丰富的类胡萝卜素及大量可溶性纤维素,有益于保护眼睛、提高视力,可降低血胆固醇,可减少癌症与心血管病发病。

豆类中,如大豆、毛豆、黑豆等所含的类黄酮、异黄酮、蛋白酶抑制剂、肌醇、大豆皂苷、维生素B,对降低血胆固醇、调节血糖、减少癌症发病及防治心血管、糖尿病有良好作用。

葱蒜类蔬菜有丰富的二丙烯化合物、甲基硫化物等多种功能植物化学物质,有利于防治心血管疾病,常食可预防癌症,还有消炎杀菌等作用。

茄果类蔬菜中,番茄具有丰富的茄红素高抗氧化剂能抗氧化,降低前列腺癌及心血管疾病的发病;茄子中含有多种生物碱,有抑癌、降低血脂、杀菌、通便作用;辣椒、甜椒含丰富维生素、类胡萝卜素、辣椒多酚等,能增强血凝溶解,有"天然阿司匹林"之称。

芹菜是一二年生草本植物,芹菜中含有芹菜油、蛋白质、无机盐和丰富的维生素。除做蔬菜外,中医上还有止血、利尿、降血压等功能。

黄瓜所含的蛋白酶有助于人对蛋白质的吸收。

辣椒,又叫番椒、海椒、辣子、辣角、秦椒等,是一种茄科辣椒属植物。辣椒属一年或多年生草本植物。果实通常成圆锥形或长圆形,未成熟时呈绿色,成熟后变成鲜红色、黄色或紫色,以红色最为常见。辣椒的果实因果皮含有辣椒素而有辣味,能增进食欲。辣椒中维生素C的含量在蔬菜中居第一位,另外还有维生素A、维生素B、维生素E、维生素K等维生素。此外,辣椒中还含有钙和铁等矿物质以及膳食纤维。

根据相关国家的医学机构研究表明,人每天至少要食用1000克的蔬菜。

## 第二节　牛、马、羊、猪审美

### 一、牛

牛(图6-39),属牛族,为牛亚科下的一个族。染色体数为56的野牛、60的黄牛和58的大额牛杂交有可育后代,为哺乳动物,容易发生罗伯逊易位(丝粒融合)改变染色体数降低生育率。草食性,部分种类为家畜(包含家牛、黄牛、水牛和牦牛)。体型粗壮,部分公牛头部长有一对角。牛能帮助人类进行农业生产。

牛科动物的共同特点是体质强壮;有适合长跑的腿;脚上有4趾,但侧趾比鹿类更加退化,适于奔跑;上门牙

图6-39　牛

和犬齿都已经退化,但还保留着下门牙,而且下犬齿也门齿化了,三对门齿向前倾斜呈铲子状。由于以比较坚硬的植物为食,前臼齿和臼齿为高冠、珐琅质有褶皱,齿冠磨蚀后表面形成复杂的齿纹,适于吃草。为了贮存草料、躲避敌害,它们的胃在进化中形成了4个室,即瘤胃、蜂巢胃、瓣胃和腺胃,还具有"反刍"的习性,使食物能够得到更好的消化和吸收。角不分叉,外面还有一层坚硬的角套,角套为空心,套在骨质的角心上,并且随着角心的生长而扩大,牛科动物也因之被称作"洞角"动物。与鹿类具有的实角不同,牛科动物的角上没有神经和血管,洞角被去掉后,不能再生长。一般牛类的洞角长到一定程度便停止生长,而且不更换角套。鼻颈光滑湿润,如出现干燥,即为患病的征兆。

牛的适应性很强,能够较好地适应所在地气候,其适宜温度为15~25摄氏度。牛吃饱后会停止进食,但还会不住地反刍。牛是素食动物,且食物范围很广,最喜欢吃青草,还喜欢吃一些绿色植物(或果实),如水花生、红薯藤(苗)、玉米(苗)、水稻、小麦苗等。

(一)种类美

1. 普通牛

普通牛(图6-40)分布较广,数量极多,与人类生活关系极为密切。

图6-40 普通牛

图6-41 牦牛

图6-42 野牛

2. 牦 牛

牦牛(图6-41)毛长过膝,耐寒耐苦,适应高原地区氧气稀薄的生态条件,是我国青藏高原的特有畜种,所产奶、肉、皮、毛是当地牧民的重要生活资源。

3. 野 牛

野牛(图6-42)如美洲野牛、欧洲野牛等,可与牛属中的普通牛种杂交,产生杂交优势,为培育新品种提供有用基因。

4. 水 牛

水牛(图6-43)是水稻地区的主要役畜,在印度则兼作乳用。

(a)水牛

(b)低地水牛

(c)民都洛水牛

(d)山地水牛

图6-43 水牛

## 5. 黄牛

黄牛（图6-44）角短，皮毛多为黄褐色或黑色，毛短。多用来耕地或拉车，肉供食用，皮可以制革，是重要役畜之一。

图6-44　黄牛

驯化的牛最初以役用为主。18世纪之后，随着农业机械化的发展和消费需要的变化，除少数发展中国家的黄牛仍以役用为主外，普通牛经过不断的选育和杂交改良，均已向专门化方向发展。如英国育成了许多肉用牛和肉、乳兼用品种；欧洲大陆国家则是大多数奶牛品种的主要产地；英国的兼用型短角牛传入美国后向乳用方向选育，又育成了体型有所改变的乳用短角牛。现代牛的生产类型可分为乳用品种（娟姗牛、更赛牛等）、肉用品种（肉牛王、帮斯玛拉牛、比法罗牛等）、兼用品种（丹麦红牛、蒙古牛、新疆伊犁牛等）、役用品种（黄牛和水牛等）。此外，有些国家还培育出一种强悍善斗的斗牛，主要供比赛用。

牛在我国文化中是勤劳的象征。古代就有利用牛拉动耕犁以整地的应用，通常的牛耕是两头或者三头牛来拉犁耕作。把缰绳拴好，牛套整理好，然后和牛套在一起，扎好肚带，再扯一根缰绳系在牛耳上，农夫通过扯拽缰绳来"指挥"控制牛的行进方向。农夫一手扶犁，一手执鞭、扯缰绳进行耕作。

春秋战国之交，我国进入了铁器时代，铁器农具的出现及牛耕技术使用下，耕地就变为连续向前，用力少而效果好，这是耕作技术的一次重要改革。春秋战国时期牛耕开始于东方，商鞅变法后，秦国后来居上，也普遍使用牛耕。

康熙《济南府志·岁时》记载："凡立春前一日，官府率士民，具春牛、芒神，迎春于东郊。作五辛盘，俗名春盘，饮春酒，簪春花。里人、行户扮为渔樵耕诸戏剧，结彩为春楼，而市衢小儿，着彩衣，戴鬼面，往来跳舞，亦古人乡傩之遗焉。立春日，官吏各具彩仗，击土牛者三，谓之鞭春，以示劝农之意焉。为小春牛，遍送缙绅家，及门鸣鼓乐以献，谓之送春。"鞭春牛的意义，不限于送寒气、促春耕，也有一定的巫术意义。

改革开放后，农村刚刚实行联产承包责任制，农业机械还比较少，耕牛依然是农户的重要劳动力，牛耕还是非常普遍。

我国少数民族也有慰问耕牛的习俗，称为"献牛王"。贵州的罗甸、安龙等地的布依族在农历四月初八为牛贺岁。这一天，让牛休息一天，让牛吃糯米饭。仡佬族的牛王节也称"牛神节""敬牛王菩萨节""祭牛王节"，于每年农历十月初一举行。那一天，人们不再让牛劳动，并用上好的糯米做两个糍粑，分别挂在两个牛角上，然后将牛牵到水边照影子，以此种方式为牛祝寿。在贵州榕江、东江一带的侗族中，每年夏天六月初六举行"洗牛节"，届时春耕已结束，人们把牛牵到河边洗澡，并在牛栏旁插几根鸡毛和鸭毛，祈祷耕牛平安健壮。

牛在印度教中被视为神圣的动物，因为早期恒河流域的农耕十分仰赖牛的力气，牛粪也是很重要的肥料，牛代表了印度民族的生存与生机。

家牛对人类的生产活动极为重要，这一点也可通过其文化影响看出来。在许多神话故事中都可以见到家牛的身影，某些神话中还把牛作为世界或人类的起源。例如，在北欧神话中，霜巨人之祖尤弥尔就是被一只名为欧德姆布拉的母牛哺育长大的。牛的形象在某些时候也会同野蛮、粗暴相联系，希腊神话之中，宙斯变为一只牛拐骗了欧罗巴，而克里特岛迷宫中的怪物弥诺陶洛斯则是个半牛半人的恶魔。由于家牛是重要的耕作牲畜，和农业联系密切。有些地方的农民在每年春天开始耕种前会组织和家牛有关的活动、仪式，希望能获得好的收成。也正因为如此，家牛在农业社会中往往具有较高的地位，例如在台湾，部分在农村生活成长的人不食用牛肉；在某些情况下，政府还会下令禁止屠宰家牛以防耕牛减少。许多地方都有与牛有关的节日，例如西班牙的圣菲尔明节，巴西、尼泊尔的敬牛节。因为耕牛是重要的生产力，农业社会中，拥有多少头用于耕作的牛也常常是衡量一个人财富的标准之一。我国古代将牛、羊、猪三牲称为太牢，是规格最高的祭品。

由于家牛很容易和力量联系在一起，也有许多体育俱乐部或体育比赛采用它作为自己的队名、队标或是吉祥物。某些与牛肉、牛奶等餐饮、养殖业有关的公司很自然地在其名称、商标中使用了家牛形象，而有些关系不太密切的公司，像是功能性饮料红牛、超级跑车制造商兰博基尼亦使用了公牛的形象。在作为国家象征的国徽上也可以找到家牛的形象，比如具有尊牛传统的亚洲国家印度的国徽、尼泊尔的旧国徽；欧洲的冰岛、安道尔、摩尔多瓦等国；非洲国家包括博茨瓦纳、尼日尔、南非；美洲的巴拉圭也在国徽上标示着一头公牛。许多城市和贵族的纹章上也可看见家牛的身影，如意大利城市都灵、立陶宛城市考纳斯等。家牛也常被艺术家作为表现对象，比如现存最早的纸本中国画即为宋代的《五牛图》。油画中的田园题材也常常绘制家牛。

牛耕技术从出现一直延续到20世纪末，在我国农村延续了2000多年。应该说牛耕技术在历史上是起过重要作用的，对我国农村的生产和生活影响尤为深刻。极大地节省了社会劳动力，扩大了生产规模，促进了社会生产力的发展，进而推动了当时社会制度的变革，促使奴隶制社会向封建制社会转变。

铁犁牛耕的普及说明生产力有所发展，生产力的发展促进了社会发展和进步，促进小农经济的发展。牛耕的出现标志着人类生产力的进步，标志着农耕社会达到新的高度。畜力与铁器的结合，给精耕细作提供了条件。

"庄稼活，不用学，人家咋做咱咋做"表明了农活技术含量的低下和简单，但牛耕技术算是"技术含量"比较高的，有一定难度。如今作为农耕时代的标志——牛耕技术已经退出了历史舞台。耕牛也已经被诸多的农业机械取而代之，不再是农业生产的主要"动力"。

### （二）考古发现的美

《牛耕》为墓砖画，出土于嘉峪关5号壁画墓，图上绘二牛，一白一黑，牛身细长，角下弯上直，牛鼻有环，但无缰，说明牛已驯养得很温顺，二牛所挽之犁，犁头部分深深切入土中；扶犁者为一青年男子，衣长襦，束腰，领、袖口缘边，发髻插有发簪，右手扶犁，左手扬鞭。

画面显示出画匠对农耕生活体验很深，就连扶犁者头上滴落的汗滴，也惟妙惟肖地表现出来了。整个画面生动活泼，潇洒自如，人、牛、犁都处在动态当中，真实地反映了魏晋画风以及当时画坛流行的写实精神。由于画匠要反映劳作者的辛苦,所以扶犁者只穿长襦,光着小腿部分。从细微处体现了画匠巧妙的构思。看似平常,实则精妙。

《牛耕》砖画真实、生动地反映了我国古老的绘画技艺,它不仅在我国绘画史上,而且在世界绘画史上也占有重要地位。这幅1600年前的我国《牛耕》绘画,今天看来仍是那么清新喜人,充分显示了我国古代光辉灿烂的绘画艺术。此画也成为国家一级文物。

嘉峪关市境内发现的魏晋时期古墓葬中,出土有多块(幅)《牛耕》画像砖,佐证了当时河西地区使用牛耕技术已很普遍。除了一牛挽犁和二牛挽犁之外,耕种后的覆土填埋及平田碎土,均用畜力完成,牛拉的"耙",又称"耢"。"耙"一面有齿,可碎土,翻面即可耱地,埋压种子,使田地平整。

## 二、马

马(图6-45),草食性动物。在4000年前被人类驯服。普氏野马(66个染色体)和家马(64个染色体)可以杂交有可育的后代。马在古代曾是农业生产、交通运输和军事等活动的主要动力。全世界马的品种约有200多个。随着生产力的发展、科技水平的提高以及动力机械的发明和广泛应用,马在现实生活中所起的作用也越来越小。马匹主要用于马术运动和生产乳肉,饲养量大为减少。但在有些发展中国家和地区,马仍以役用为主,并是役力的重要来源。马的主食是草。

图6-45　马

马属动物起源于6000万年前新生代第三纪初期,其最原始的祖先为原蹄兽,体长约1.5米,头部和尾巴都很长,四肢短而笨重,体格矮小,四肢均有5趾,中趾较发达,行走缓慢,常在森林或热带平原上活动,以植物为食。生活在5800万年前第三纪始新世初期的始新马,或称始祖马,体高约40厘米,前肢低,有4趾;后肢高,有3趾。牙齿简单,适于热带森林生活。进入中新世以后,干燥的草原代替了湿润的灌木林,马属动物的机能和结构随之发生明显变化:体格增大,四肢变长,成为单趾;牙齿变硬且趋复杂。经过渐新马、中新马和上新马等进化阶段的演化,到第四纪更新世才呈现为单蹄的扬首高躯大马。

其头面平直而偏长,耳短。四肢长,骨骼坚实,肌腱和韧带发育良好,附有掌枕遗迹的附蝉(俗称夜眼),蹄质坚硬,能在坚硬地面上迅速奔驰。毛色复杂,以骝、栗、褐色、青和黑色居多;皮毛春、秋季各脱换一次。汗腺发达,有利于调节体温,不畏严寒酷暑,容易适应新环境。胸廓深广,心肺发达,适于奔跑和强烈劳动。食道狭窄,单胃,大肠特别是盲肠异常发达,有助于消化吸收粗饲料。无胆囊,胆管发达。牙齿咀嚼力强,门齿与臼齿之间的空隙称为受衔部,装鞍时放衔体,以便驾驭。根据牙齿的数量、形状及其磨损程度可判定年龄。听觉和嗅觉敏锐。两眼距离大,视野重叠部分仅有30%,因而对距离判断力差;同时眼的焦距调节力弱,对500米以外的物体只能形成模糊图像,而对近距离物体则能很好地辨别其形状。头颈灵活,两眼可视面达330°~360°。眼底视网膜外层有一层照膜,感光力强,在夜间也能看到周围的物体。另外,马是站着睡觉的。

与一些拥有惊人智商的啮齿类动物一样,马也是一种非常聪明的动物,拥有惊人的长期记忆力。根据《动物行为》杂志刊登的最近一项研究发现,与驯马师等它们熟悉的人有过愉悦经历的马,尤其是那些受到鼓励的马,在分开几个月后仍有可能记住这些人,同时也对这些人表现出更大的喜爱。此外,这些马也更有可能亲近它们并不熟悉的人,所表现出的行为就是用鼻子嗅和用舌头舔。研究人员表示这种行为说明马会形成与人有关的积极记忆,也是一种高智商动物。

(一)颜色美

马的毛色是识别马匹的重要标志,也是外貌鉴定的重要内容。马体毛分为被毛、保护毛(即鬃、鬣、尾毛、陀毛)和触毛,颜色众多,主要有以下十多种颜色的毛。

黑毛:马的全身被毛及长毛(鬃、鬣、尾毛)均为黑色。在这些黑色毛中又有纯黑毛、淡黑毛和锈黑毛等三种。

栗毛:马的全身被毛为栗壳色,这些栗毛中又可分红栗毛、黄栗毛、全栗毛和奶栗毛等四种。

骝毛:马的全身被毛为红色、黄色、褐色,长毛及四肢下端为黑色,根据不同色泽又可分为红骝毛、黄骝毛、黑骝毛和褐骝毛等四种。

青毛:马的全身被毛为黑白混生,根据白与黑毛比例的不同又可分为铁青、红青、菊花青、白青(即全身被毛为白色的白马)和蝇点青等五种。

兔褐毛:马的全身被毛为红色、黄色、青白色,长毛为黑色,根据不同色泽又可分为红兔褐、黄兔褐和青兔褐等三种。

海骝毛:马的全身被毛为草黄色或深黄色。

黑克栗毛:马的全身被毛为栗色,长毛近似黑色,而口眼周围及腹下近于灰白色。

沙毛:马的全身被毛在栗毛、骝毛、兔褐毛或黑色的基础上散生白色毛,所以根据不同底色可分栗沙毛、骝沙毛、兔褐沙毛和黑沙毛等四种。

银鬃:又叫花尾栗毛,马的全身被毛为暗赤色或栗壳包,长毛为白色、灰白色或混生有黑色毛。

银河与白银河:马的全身被毛及长毛为污白色或略带红色的叫银河。而皮肤呈淡红色,蹄质为黄白色的叫白银河。

花毛:在暗色毛的基础上有大小不一的白色斑块,按基础毛色的不同又可分为黑花毛、骝花毛和栗花毛等。

鼠灰毛:马的全身被毛为鼠灰色,头部为深灰色,长毛及四肢下部近似黑色,这种毛色又称作老鼠皮毛。

(二)种类审美

1. 法拉贝拉

法拉贝拉(图6-46)原产于阿根廷,在法拉贝拉牧场培养的历史超过150年。自1845年开始爱尔兰人Patrick Newtall运用优选法培育小型马,他培育的马最小只有102

厘米高。1879年其养子Juan Falabeila继续他的事业,他选用最小的英国设得兰小马繁育后代,由于不断优选,马的高度不断降低。1927年Julio Cesar Falabella继承了牧场,他开始保存遗传档案,并少量出售法拉贝拉马给特定的客人,其中包括了美国总统约翰肯尼迪(1963年)。

图6-46　法拉贝拉

图6-47　大宛马

2. 大宛马

大宛马(图6-47)源自大宛国,大宛是古西域国名,在今中亚费尔干纳盆地。据《史记》记载,大宛马"其先天马子也",它在高速疾跑后,肩膀位置慢慢鼓起,并流出像鲜血一样的汗水,因此得名"汗血宝马"。

汗血宝马有雌有雄,是可以进行繁殖的。但由于我国的地方马种在数量上占绝对优势,引入马种后,都走了"引种—杂交—改良—回交—消失"的道路。同时,由于战马多被阉割,也使一些汗血宝马失去繁殖能力。种种原因使汗血宝马在国内踪迹难寻,土库曼斯坦还生存有数千匹汗血宝马。

3. 蒙古马

蒙古马(图6-48)是我国乃至全世界较为古老的马种之一,主要产于内蒙古草原,是典型的草原马种。蒙古马体格不大,平均体高120~142厘米,体重267.7~372千克。

图6-48　蒙古马

图6-49　哈萨克马

蒙古马身躯粗壮,四肢坚实有力,体质粗糙结实,头大额宽,胸廓深长,腿短,关节、肌腱发达。被毛浓密,毛色复杂。它耐劳,不畏寒冷,能适应极粗放的饲养管理,生命力极强,能够在艰苦恶劣的条件下生存。它1小时可走60千米左右路程,经过调驯的蒙古马,在战场上不惊不诈,勇猛无比,历来是一种良好的军马。

4. 哈萨克马

产于新疆的哈萨克马(图6-49)也是一种草原型马种。其形态特征是:头中等大,清秀,耳朵短,颈细长,稍扬起,耆甲高,胸销窄,后肢常呈现刀状。

现今伊犁哈萨克州一带,即是汉代西域的乌孙国。2000年前的西汉时代,汉武帝为寻找良马,曾派张骞三使西域,其得到的马可能就是哈萨克马的前身。到唐代中叶,回纥向唐朝卖马,每年达10万匹之多,其中有很多属于哈萨克马。因此,我国西北的一些马种大多与哈萨克马有一些血缘关系。

5. 河曲马

河曲马(图6-50)也是我国一个古老而优良的地方马种,历史上常用它作贡礼。原产于黄河上游青、甘、川三省交界的草原上,因地处黄河盘曲,故名河曲马。它是我国地方品种中体格最大的优秀马。其平均体高为132~139厘米,体重为350~450千克。

图6-50 河曲马

图6-51 三河马

图6-52 山丹马

河曲马头稍显长大,鼻梁隆起,微呈现兔头型,颈宽厚,躯干平直,胸廓深广,体形粗壮,具有绝对的挽用马优势。驮运100~150千克重物,可日行50千米。河曲马性情温顺,气质文静,持久力较强,疲劳恢复快,故多作役用。单套大车可拉500千克重物,是良好的农用挽马。

6. 三河马

三河马(图6-51)是血统极为复杂的马种。20世纪初,一些俄国贵族来到我国东北,他们带来了奥尔洛夫马、皮丘克马等良种。

三河马体格较蒙古马高大,它形态结实紧凑,外貌俊美,胸廓深长,肌肉发达,体质结实,背腰平直,四肢强健,关节明显。毛色主要为骝毛、粟毛和黑毛三种。平均体高140~147厘米,体重330~380千克。三河马气质威悍,但性情温驯,耐粗饲,适应较粗放的群牧生活。它属挽乘兼用经济类型。乘马跑1千米只需1分10秒时间,单马拉起载重五百多千克的胶轮大车,半小时可走完10千米。

7. 山丹马

山丹马(图6-52)是以驮载为主的兼用型马品种,产于我国甘肃山丹马场,以当地马与顿河马杂交育成,只含1/4的顿河马血液,1984年经鉴定命名。

山丹马体质结实,富悍威,对高寒山地适应性强。头中等大,颈稍斜。甲较长,胸宽深,背腰平直,腰较短,尻较宽而稍斜。四肢坚固,关节强大,肌腱明显,后肢稍外向,蹄质坚实。毛色以骝为主,黑色次之。

除了上述马种以外,还有:

(1)荷兰温血马。要说有哪一个品种的马,像明星一样快速蹿红,那就是荷兰温血马。这是个新的品种,荷兰在1958年才开始有血统登记簿,然而现在已成为世界上最成功、最流行、最受欢迎的马术竞赛与骑乘用马。荷兰温血马可说是20世纪的新产品，有别于20世纪以前就有的温血马，它是专门为了马术竞赛用而培育出来的。虽然这是荷兰人所创造的品种，但其实应该算是一个欧洲品种，因为除了荷兰之外，还有英国、西班牙、法国和德国马的血统。

（2）柏布马。柏布马的家乡在古时候北非的巴巴利（Barbary）地区，也就是现在的摩洛哥、阿尔及利亚、利比亚、突尼斯。现今在阿尔吉利亚的康斯坦丁（Constantine）与摩洛哥皇室都有很大的繁殖场。当地边远山区与沙漠的游牧民族（Tuareg）也应该还饲养着许多柏布马类型的马。柏布马是另一种古老的东方马品种，几个世纪以来对各种马的品种产生巨大的影响，帮助培育出今天世界上的许多成功品种。和阿拉伯马一样，它在马的品种培育上占有不容否认的重要地位，然而它却较不为人知，不像阿拉伯马那么出名。柏布马最初被带到欧洲时，常常被欧洲人误认为是阿拉伯马，因为北非的居民也是回教徒，也说阿拉伯语。

### （三）马耕文化

在欧洲，马耕技术相当普遍，在欧洲广泛使用的耕种技术恰恰是我国所发明的。我国对于马耕技术的最早记载在老子的《道德经》中，第四十六章有："天下有道，却走马以粪；天下无道，戎马生于郊。"尤其在"却走马以粪"的解释之中，历来就有不同的观点，主要有两种：一种是"耕田说"，而另外一种是"播种说"。虽然这些东西算作是最早的马耕地记载，但是在先秦时代，早已经使用牛耕地，那么使用马耕地也不足为奇见。《盐铁论·未通第十五篇》："文学曰：……往者未钱吴越之时，……布帛充用，牛马成群，农夫以马耕载。"又《盐铁论·散不足第二十九》："贤良曰：……古者，诸侯莫不秣马……故行则服轭，止则就犁。"其中所说的"贤良"应该是指汉朝以前的人物，便是先秦时代的人物了。但是，按照现在的历史考古资料来看，先秦时期仍是以人力操作的耒耜耕作为主，即便是在犁耕得到普遍推行以后，也主要用牛来牵引，马主要用于骑乘。

在古典时代与中世纪前期的欧洲，拉犁主要还是靠公牛，为何此时没有用马来耕地？学者们认为，一是当时的"两田制"不能生产出足够的粮食来养马；二是适合马耕的技术装备尚不健全。那时的马还没有钉马掌，马蹄经不起地里各种小石头的折腾，即便不下地，只用于日常运输也不能长途进行。

欧洲大规模使用马耕是在12世纪以后。马耕最终能取代牛耕，可能还是因为它适应社会的普遍需求。其实对于两者各自的优劣，人们通常还是会从成本与收益角度进行分析。13世纪农学家们的看法是："马吃更多的燕麦，马得钉掌，而牛不用这些。因此，养马的费用比牛多4倍。而且牛的脾气更温顺，老了还可以卖给屠夫吃牛肉，而马只能卖皮，甚至有一段时期，马是不允许被宰杀的。所以，马的价值折损费较大，而牛的保值性较高。"

但马的优势也很突出，首先它用途广泛，驼、骑、拉，民用、军用都可以。在速度与炫耀性消遣上，马也比牛有优势得多。拥有了马，农户农闲之余还能体验下策马奔腾的感觉。速度就更是马的特长了，16世纪的法国农业家们高度赞扬马耕："马一天干的活是牛的3倍甚至4倍"。对于农民而言，快速犁完地，当然是好事。

但是关于马耕比牛耕更快的论断,放在不同的社会,答案不完全一样。耕地是人与动物相互配合的协作式劳动,最终效率是两者合力的结果,不是单一由马或者人可以决定的。再后来,当现代农业机械化生产要普及时,那些推广耕地机器的宣传者们又把马耕说得一无是处。20世纪50年代,苏联作家伊林在《五年计划故事》中说道:"马是所有机器中最贪食,最嘴馋的。它要嚼掉农民田里出产的一半。在乌克兰草原地方,农民为他的马一年要花费五十金镑——跟他给全家人所花费的一样多。"这是一段鼓吹集体化农业的文字,无外乎就是说集体农业可以推广机械生产,可以最大限度地利用劳动工具。

而在我国,《老子》中"天下有道,却走马以粪;天下无道,戎马生于郊",是对马在农耕社会中的主要功用转化的扼要说明。对于"却走马以粪"的解释,学界前辈有充分的讨论,但无论何种解释,都说明和平期间马的主要功用不在于军事了。也就是说,马的军事用途在我国古代是第一位的。

(四)历史名马

1. 赤兔马

赤兔马是三国时期吕布的坐骑,《曹瞒传》记载:"人中吕布,马中赤兔。"在《三国演义》中吕布仅仅为了赤兔马就背叛杀死了自己的义父丁原。同时,在《三国志》记载中吕布数十骑破张燕万余精兵,赤兔马同样有着极大的功劳。

2. 的卢马

的卢马是刘备的坐骑。一次刘备遇难,骑的卢马逃跑,危急之时落入檀溪中,刘备着急地对的卢马说:"的卢,今天遇到大难,你一定要帮忙呀!"于是,的卢一跃三丈,带刘备逃出险境。

3. 昭陵六骏

昭陵六骏(图6-53)是唐太宗李世民当年南征北战驰骋沙场统一全国的六匹战马。它们分别是:特勒骠、青骓、什伐赤、飒露紫、拳毛䯄和白蹄乌。李世民为纪念它们,将它们的形象雕刻在自己陵墓的石屏上。

相传六骏的图形出自唐代著名画家阎立本之手,工匠们把这些形象雕刻得栩栩如生,甚至在人们心目中被神化了。据传说,安史之乱时,在潼关之战中,忽然飞沙走石,黄旗招展,杀出数百队骑兵,致使叛军仓皇逃窜。偃旗息鼓后,骑兵也突然消失。后来,据守护昭陵的官员说,就在潼关交战那天,昭陵石人石马汗湿欲滴。

图6-53　昭陵六骏

## 4. 汗血马

汗血马是（图6-54）传说中的良马。它产于大宛，汗水从肩部流出，呈血色，一日之内可以跑千里路。

据《盐铁论》卷三《未通》称，西汉时"农夫以马耕载"，同书卷六《散不足》记："行则服轭，止则就犁"。只是养马的成本很高，不是普通农家可以支撑的，据称当时养马一匹"当中家六口之食，亡丁男一人之事"。故而中原农耕区少有马耕，其主要存在于边缘地区，或者少数民族地区。

图6-54 汗血马

# 三、羊

羊是羊亚科的统称，属哺乳纲、偶蹄目、牛科、羊亚科，是人类的家畜之一，是羊毛的主要来源。

羊又称为绵羊或白羊。有毛的四腿反刍动物，原为北半球山地的产物，与山羊有亲缘关系；不同之处在于体形较胖，身体丰满，体毛绵密。头短，雄兽有螺旋状的大角，雌兽没有角或仅有细小的角。毛色主要是白色。

品种很多，如绵羊、湖羊、山羊、岩羊等。我国主要饲养山羊和绵羊。

## （一）种类外形美

### 1. 波尔山羊

波尔山羊（图6-55）是一个优秀的肉用山羊品种。该品种原产于南非，作为种用，已被非洲许多国家以及新西兰、澳大利亚、德国、美国、加拿大等国引进。自1995年我国首批从德国引进波尔山羊以来，许多地区包括江苏、山东、陕西、山西、四川、广西、广东、江西、河南和北京等地也先后引进了一些波尔山羊，并通过纯繁扩群逐步向周边地区和全国各地扩展，显示出很好的肉用特征、广泛的适应性、较高的经济价值和显著的杂交优势。

波尔山羊毛色为白色，头颈为红褐色，并在颈部存有一条红色毛带。波尔山羊耳宽下垂，被毛短而稀。腿短，四肢强健，后躯丰满，肌肉多。性成熟早，四季发情。繁殖力强，一般两年可产三胎。羔羊生长发育快，有良好的生长率和高产肉能力，采食力强，是目前世界上最受欢迎的肉用山羊品种。

图6-55 波尔山羊　　　　　　图6-56 南江黄羊

### 2. 小尾寒羊

我国的国宝小尾寒羊是我国绵羊品种中最优秀的品种,被国内外养羊专家评为"万能型"、誉为"中华国宝"。因其低廉的价格,丰厚的回报,多年以来一直是中央扶贫工程科技兴农的首选项目。

小尾寒羊属于肉裘兼用型的地方优良品种。性成熟早,四季发情,多胎高产,一年两产或三年五产,每胎3~5只,多的可达8只;生长快,个体高大,周岁公羊高1米以上,体重达180千克以上,周岁母羊身高80厘米以上,体重120千克以上,适应性强,耐粗饲,好饲养;放养、圈养都适应;免疫能力特别强。饲养一只适产母羊年获利可达1000元以上,产区群众深有体会地说:"养好一只小尾寒羊,胜种一亩粮。"

小尾寒羊是我国乃至世界著名的肉裘兼用型绵羊品种,具有早熟、多胎、多羔、生长快、体格大、产肉多、裘皮好、遗传性稳定和适应性强等优点。4月龄即可育肥出栏,年出栏率在400%以上;6月龄即可配种受胎,年产2胎,胎产2~6只,有时高达8只;平均产羔率每胎达266%以上,每年达500%以上;6月龄体重可达40千克,周岁时可达88千克,成年羊可达100~120千克。在世界羊业品种中小尾寒羊产量高、个头大、效益佳,它吃的是青草和秸秆,献给人类的是"美味"和"美丽",送给养殖户的是"金子"和"银子"。它既是农户脱贫致富奔小康的最佳项目之一,又是政府扶贫工作的最稳妥工程,也是国家封山退耕、种草养羊、建设生态农业的重要举措。

### 3. 南江黄羊(亚洲黄羊)

南江黄羊(图6-56)原产于四川南江县,是经我国畜牧科技人员应用现代家畜遗传育种学原理,采用多品种复杂杂交方法人工选择培育而成的我国第一个肉用山羊新品种。1995年和1996年先后通过农业部和国家畜禽遗传资源管理委员会现场鉴定、复审,认定:南江黄羊是我国目前肉用性能最好的山羊新品种。并由农业部正式命名,颁发了《畜禽新品种证书》。

南江黄羊是以纽宾奶山羊、成都麻羊、金堂黑山羊为父本,南江县本地山羊为母本,采用复杂育成杂交方法培育的,后又导入吐根堡奶山羊的血液。目前在我国山羊品种中是产肉性能较好的品种群。

### 4. 陕南白山羊

陕南白山羊(图6-57)分布在陕西南部地区,这种山羊的鼻梁比较平直,毛主要以白色为主,少数呈现为黑色、褐色或杂色,它的毛是毛笔和排刷的制作原料,用途很广泛。

图6-57　陕南白山羊　　　　　图6-58　贵州白山羊　　　　　图6-59　圭山山羊

5. 贵州白山羊

贵州白山羊（图6-58）的皮厚薄均匀，摸起来柔韧性很好，拉力比较强，而且产肉性能比较好，繁殖力也高。

6. 圭山山羊

圭山山羊（图6-59）主要分布于云南省路南县和桂山山脉一带地区，这种山羊的抗逆性比较强，它发病比较少，所以养起来会轻松一些。另外它的耐粗饲的能力比较强，而且产肉能力也很强，体质好、身体结实，抗病能力好，但是生长发育缓慢，成熟得比较晚。

7. 建昌黑山羊

建昌黑山羊（图6-60）主要生产在四川省会理县，正常的建昌黑山羊体型都不大，中等体型，呈长方形。

图6-60　建昌黑山羊　　　　　图6-61　兰州大尾羊　　　　　图6-62　同羊

8. 兰州大尾羊

兰州大尾羊（图6-61）主要产在兰州市的郊区，兰州大尾羊的被毛纯白，头的大小中等，这种羊头上没有角，具有生长快、生产能力高的特点，但是这种羊很少有养殖户进行大量的养殖，采用分散饲养。

9. 同　羊

同羊（图6-62）主要产于陕西渭南和渭阳等地。同羊的肉质十分肥嫩，而且瘦肉绯红，这种肉质是很多人都喜欢的，而且同羊产肉力不比其他的羊差。

10. 关中奶山羊

关中奶山羊（图6-63）分布在陕西省渭南、咸阳以及宝鸡等地区，这种羊的抗病能力强，而且体质很好，能够适应各种生长环境，耐粗饲。

图6-63　关中奶山羊　　　　图6-64　新疆山羊　　　　图6-65　内蒙古绒山羊

**11. 新疆山羊**

新疆山羊（图6-64）分布于新疆,在新疆的一些牧区和农区都能看到它的身影。新疆山羊的体质非常棒,肉质扎实,毛大多数都是白色,少数为黑色、灰色等其他杂色。

**12. 内蒙古绒山羊**

内蒙古绒山羊（图6-65）产于内蒙古,是当地特产的一种羊。这种羊的体质结实,它的毛致密又有弹性,是制作各大皮革和衣物的好原料,所以它深受欢迎,既能食用又在服装行业有着巨大的作用。羊绒纤维非常柔软,羊肉又细嫩,而且抗逆性强,能够生存在荒漠与山地中。

**13. 西藏山羊**

西藏山羊（图6-66）产于青藏高原地区,这种羊的体型较小,但是体质比较结实,而且身体结构很对称,看起来整体比较完好,抗逆性也强,能够适应一些高寒的牧区生存环境,适应能力非常强。

图6-66　西藏山羊

羊是人们熟悉的家畜之一,其饲养在我国已有5000余年的历史。羊全身是宝,其毛皮可制成多种毛织品和皮革制品。在医疗保健方面,羊更能发挥其独特的作用。羊肉、羊血、羊骨、羊肝、羊奶、羊胆等可用于多种疾病的治疗,具有较高的药用价值。

羊是与上古先人生活关系最为密切的动物食物,羊伴随中华民族步入文明,与中华民族的传统文化的发展有着很深的历史渊源,影响着我国文字、饮食、道德、礼仪、美学等文化的产生和发展。

汉字是世界上历史最悠久、使用最广泛的文字之一。汉字的起源和发展与中华民族的文明紧密相关,它是中华传统文化的基本载体,汉字中隐含着极为丰富的信息,是记录、反映、揭示中华民族上古文化发展过程最为有力的"原始记录"。我国早期的文字犹如古文化的化石,记载着古文化和古人的观念。汉字就像一副标本,传承着我国的古代文化,羊文化是具有中华民族特色的传统文化。

汉代许慎释"美"字说:"美,甘也。从羊从大。"明末清初屈大均套用许慎的模式,在《广东新语》中说:"东南少羊而多鱼,边海之民有不知羊味者,西北多羊而少鱼,其民亦然。二者少而得兼,故字以'鱼''羊'为'鲜'。"

## （二）羊的美德

羊天生丽质，象征纯洁珍贵。在我国，美的本义和审美意识都是从吃起源的。"美"字所包含的最初的美意识，即味觉审美意识，是人类其他审美意识的先河。对味觉审美的崇拜，是人类审美活动的源泉。

"美"字起源的另一说法是源于古人劳动或喜庆时头戴羊角载歌载舞之人。

善——在古人的观念里，羊是美善的象征。《诗经》中有一首篇名为"羔羊"的诗，用羔羊比喻品德高尚的卿大夫。《说文解字》有"美与善同义"之说。

群——合群，是羊的一个重要特性。《诗经》有"谁谓尔无羊？三百维群"。《说文解字》徐铉注："羊性好群。"由此产生"群众"，体现了中华民族注重群体的特征。

孝——羔羊似乎懂得母亲的艰辛与不易，所以吃奶时是跪着的。羔羊的跪乳被人们赋予了"至孝"和"知礼"的意义。《春秋繁露》云："羔食于其母，必跪而受之，类知礼者。"

法——古时"法"字为"灋"。据《说文解字》解释："平之如水。廌所以触不直者去之，从去。"意思是说，法要像一碗水端平似的，所以从"水"；"廌"是古代中传说的一种独角神羊，即獬豸，其性忠厚，见人斗，则以其角去触那理亏的一方，因此右半边用"廌"和"去"两字。传说中的獬豸是公平、公正执法和避除邪恶的象征。

义——公正合宜的道理或举动、合乎正义或公益的举动为"义"。羊给人美善的感受，羊为人们的生活或祭祀而牺牲，因此羊是有"义"之物。

乐——被称为"八音之首"的羯鼓，是用羊皮为材料制成的。原始人在劳动之余，喜欢戴上羊角，边歌边舞。"五音十二律"是我国早期的音乐系统理论。五音是依据牛、羊、鸡、猪和马"五畜"发出的声音表示五声音阶，其中羊叫的声音为"商"。

和——羊秉性温和；合群要和；乐是"天地之和"。羊的意蕴是善良随和，吉祥如意。"和"即不偏不倚、不过无不及，古人称为大德。

养羊业很特殊，相比其他畜牧养殖行业，养羊业不属于特种养殖行业，但是规模化养殖也的确是近一些年才遍地开花、蓬勃兴起的。说它古老，是因为零星养殖由来已久，目不识丁的妇孺、拄着拐杖的老人皆会、皆知、皆能。

我国养羊历史悠久，早在夏商时代就有养羊文字记载。改革开放以来，随着党在农村的各项方针政策不断完善和落实，我国农业和农村经济得到了全面的发展，畜牧业已成为农村经济的一个重要支柱产业。特别是近二十年来，我国养羊业发展迅速，已跨入世界生产大国先列。目前我国绵羊、山羊的饲养量、出栏量、羊肉产量、生绵山羊皮产量、山羊绒产量均居世界第一位。

羊产业是草食畜牧业的重要组成部分。加快发展羊产业，对于满足肉、皮、绒、毛的消费需求、优化畜牧业结构、增加农牧民收入、推进产业扶贫都具有重要作用。

我国虽然是肉羊生产大国，但还不是强国。2016年，农业部发布的《全国草食畜牧业发展规划（2016—2020年）》（以下简称《规划》）提出，"十三五"羊产业发展，要立足市场、资源、技术等产业基础条件，大力推进供给侧结构性改革，降低生产成本，提高生产效率，补齐产业短板，厚植竞争优势，着力破解制约产业发展的关键问题，坚持发挥市场的基础调节作用，加快提升产业发展水平；坚持推动生产方式转变，逐步提高规模化和产业化水平；坚持以优势区域为重点，促进农区牧区生产协调发展；坚持以培育综合生产能力为主攻方向,不断增加良种供应能力。《规划》提出,力争用五年努力,到2020年初步构建起现代羊产业的生产体系、经营体系、产业体系。

## 四、猪

猪(图6-67),杂食类哺乳动物。身体肥壮,四肢短小,鼻子口吻较长,性温驯,适应力强,繁殖快。猪有黑、白、酱红和黑白花等色。出生后5~12个月可交配,妊娠期约为4个月,平均寿命20年,是五畜(牛、犬、羊、猪、鸡)之一。在十二生肖里猪为亥。关于猪的典故和习俗有很多。人类蓄养家猪的历史相当悠久,不过至16世纪才广为世界所知,我国饲养的猪即是人类最早驯养的猪的直系后代。

图6-67　猪

在华夏的土地上,早在母系氏族公社时期,就已开始饲养猪、狗等家畜。浙江余姚河姆渡新石器文化遗址出土的陶猪,其图形与家猪形体十分相似,说明当时对猪的驯化已具雏形。

猪的历史要追溯到4000万年前,有迹象证明家猪可能来自欧洲和亚洲,在被人们发现的化石中证明有像野猪一样的动物穿梭于森林和沼泽中等。

野猪首先在我国被驯化,我国养猪的历史可以追溯到新石器时代早、中期。先秦时期,据殷墟出土的甲骨文记载,商周时期已有猪的舍饲。而后随着生产的发展,逐渐产生了对不同的猪加以区分的要求,商周时期养猪技术上的一大创造是发明了阉猪技术。汉代随着农业生产的发展,养猪已不仅为了食用,也为积肥。这一情况促进了养猪方式的变化。汉代以前虽已有舍饲,但直至汉代止,放牧仍是主要的养猪方式。当时在猪种鉴定上已知猪的生理机能与外部形态的关系,这对汉代选育优良猪种起了很大作用。魏晋南北朝时期,舍饲与放牧相结合的饲养方式逐渐代替了以放牧为主的饲养方式。随着养猪业的发展和经济文化的不断进步,养猪经验日益丰富。隋唐时期养猪已成为农民增加收益的一种重要手段。元代在扩大猪饲料来源方面有很多创造。明代中期,养猪业曾经遭受严重摧残,正德十四年(1519年),因"猪"与明代皇帝朱姓同音,被令禁养,旬日之间,远近尽杀,有的则减价贱售或被埋弃。但禁猪之事持续时间不长,在养猪技术如猪的品种鉴别和饲养方法等方面取得了一些突破性成就。

古代经常用猪代表财富和生育,代表女性。在游牧民族的畜牧经济中,猪是难养的动物(猪不像牛、羊、狗那样适合游牧迁徙)。从这一点讲,很多讲肉食的字,从"牛"或"羊"而极少从"豕"是非常好理解的。游农经济的时代,猪的饲养成本比定居农业时代饲养成本高,其价值也就更大。商代的猪被人认为是贵重、吉祥的礼物。

随着种植业的发展、居住地的稳定(游农经济渐渐被定居农业经济取代)和猪的驯化,很多和猪有关的字产生出来,比如"家"(房子底下有猪,豕的意思就是猪)、"圂"(意思是厕所,即厕所通猪圈;现在我国农村仍然能见到人的厕所就是猪圈、猪养在人的厕所里的实例)。

## (一)分 类

按地理区域进行分类:
华北类型:东北民猪、黄淮海黑猪、里岔黑猪、八眉猪等。
华南类型:滇南小耳猪、蓝塘猪、陆川猪等。
华中类型:宁乡猪、金华猪、监利猪、大花白猪等。
江海类型:太湖猪(梅山、二花脸等的统称)。
西南类型:内江猪、荣昌猪、成华猪、桂中花猪等。
高原类型:藏猪(阿坝、迪庆、合作藏猪)。

## (二)种类外形审美

### 1. 大白猪

大白猪(图6-68)又叫"大约克猪",原产于英国,特称为"英国大白猪"。输入苏联后,经过长期风土驯化和培育,成为"苏联大白猪"。后者的体躯比前者结实、粗壮,四肢强健有力,适于放牧。18世纪于英国育成。

图6-68 大白猪

图6-69 波中猪

### 2. 成华猪

俗话说"家家都有黑毛猪",这种黑毛猪便是成华猪,全身黑毛、四肢短小、体型膘肥。以前,成华猪是成都猪肉市场的主力品种,也是回锅肉的"最好搭档"。成华猪是成都土生土长的黑毛猪。成华猪分布于新都、金堂、广汉、什邡、彭州、灌县、崇州、大邑、新津、德阳、绵竹、龙泉等13个县。2013年5月27日报道称最适合做回锅肉的四川成华猪濒临灭绝。

### 3. 波中猪

波中猪(图6-69)是猪的著名品种,原产于美国。由我国品种猪、俄国品种猪、英国品种猪等杂交而成。原属脂肪型,现已培育为肉用型。全身黑色,有六白的特征。鼻面直,耳半下垂。体型大,成年公猪体重达390~450千克,母猪有300~400千克。早熟易肥,屠体品质优良;但繁殖力较弱,每胎生仔八头左右。波中猪是一个家猪品种,1816年形成于美国俄亥俄州的迈阿密谷,是美国最古老的品种之一。波中猪在相同日龄的条件下,体重超过了其他各类猪种。

### 4. 马身猪

马身猪(图6-70)原产于我国山西,体型较大,耳大、下垂超过鼻端,嘴筒长直,背腰平直狭窄,臀部倾斜,四肢坚实有力,皮、毛黑色,皮厚,毛粗而密,冬季密生棕红色绒毛,乳头7~10对。可分为"大马身猪"(大)、"二马身猪"(中)和"钵盂猪"(小)三型。虽生长速度较慢,但胴体瘦肉率较高。

图6-70　马身猪

图6-71　松辽黑猪

5. 松辽黑猪

松辽黑猪(图6-71)是吉林省农业科学院以原产于我国东北地区的东北民猪、丹麦的兰德瑞斯猪(长白猪)和美国的杜洛克猪作为育种素材,培育的我国第一个北方瘦肉型母系品种。

松辽黑猪将猪肉品质良好、繁殖性能高和适宜东北地区的养猪产业实际需求作为育种目标,通过三元杂交育种方法,以吉林本地猪为母本,丹系长白猪为第一父本、美系杜洛克为第二父本,从1985年开始,经过杂交、横交、选育等阶段,辅以重叠式小群闭锁选育、重要性状的分子标记等技术手段,耗时30年,经20个世代的持续选育,培育出了具有自主知识产权的、我国北方瘦肉型黑色母系新品种。松辽黑猪是含杜洛克猪血液约46%、长白猪和本地猪血液各约27%的培育品种,不仅具备外来品种猪生长快、饲料价格低以及瘦肉率高等特点,还具有地方猪适应性强、繁殖率高、肉质好、无应激等特征,是优良的地方培育品种。于2009年11月5日通过国家畜禽遗传资源委员会的审定,农业部公告第1325号文件公布,松辽黑猪通过国家审定,由国家畜禽遗传资源委员会颁发畜禽新品种、配套系证书,证书编号为农01新品种证字第17号。

(三)猪肉营养及秉性

猪肉味甘咸、性平,入脾、胃、肾经,补肾养血,滋阴润燥;主治热病伤津、消渴羸瘦、肾虚体弱、产后血虚、燥咳、便秘、补虚、滋阴、润燥、滋肝阴,润肌肤,利二便和止消渴。猪肉煮汤饮下可急补由于津液不足引起的烦躁、干咳、便秘和难产。

猪总是一身污泥,似乎不太讲卫生,但一些专家指出,它们可能是已知圈养动物中最聪明同时也最爱干净的,甚至超过猫和狗。由于没有汗腺,猪才会在泥浆中打滚以便让身体保持凉爽。20世纪90年代进行的试验找到了猪也很聪明的证据。试验中,猪要接受研究人员训练,用嘴巴移动屏幕上的指针,并用指针找到它们第一次看到的涂鸦。结果显示,它们完成这项任务所需的时间居然与黑猩猩差不多,其聪明程度可见一斑。人类对猪的生活习性进行长时间的观察与研究之后发现,猪是一种善良、温顺、聪明的动物。在很多方面,狗还不如猪聪明。猪经过训练后,不但能像狗一样掌握各种技巧动作,而且猪的受训时间比狗要短。经过专门训练的猪,有的会跳舞、打鼓、游泳;有的会直立推小车;有些比较机灵的猪还可以当"猪犬"使用;有的甚至还能用鼻子嗅出埋在土里的地雷。

猪也能像狗一样担任警卫工作。在美国有的农民用猪来保卫庄园的土地,还咬伤过误入庄园的陌生人。还有一位农民为了防止牛在池塘边饮水时被蛇咬伤,养了两头猪代替人看守池塘,取得了很好的效果。猪不仅能防蛇,而且还喜欢吃蛇。科学家已用实验证明,养猪防蛇是符合科学道理的,因为猪有厚厚的脂肪,能中和蛇毒而防止蛇毒进入血管。

## 第三节 鱼、虾、蟹、贝审美

### 一、鱼

鱼类是体披骨鳞、以鳃呼吸,通过尾部和躯干部的摆动以及鳍的协调作用游泳和凭上下颌摄食的变温水生脊椎动物,属于脊索动物门中的脊椎动物亚门,一般人们把脊椎动物分为鱼类(53%)、鸟类(18%)、爬行类(12%)、哺乳类(9%)、两栖类(8%)五大类。根据已故加拿大学者Nelson在1994年的统计,全球现生种鱼类共有24618种,占已命名脊椎动物一半以上,且新种鱼类不断被发现,平均每年有约150种,十多年应已增加超过1500种,目前全球已命名的鱼种约在32100种。

鱼主要分为热带鱼(图6-72)、温带鱼和冷带鱼等。按水类鱼分为淡水鱼和咸水鱼。

世界上现存已发现的鱼类约32000种。鱼生活在水里,分布在海洋和淡水中,海洋中生活着的鱼占2/3,其余的生活在淡水中。我国计有2500种,其中可供药用的有百种以上,常见的药用动物有海马、海龙、黄鳝、鲤鱼、鲫鱼、鲟鱼(鳔为鱼鳔胶)、大黄鱼(耳石为鱼脑石)。从各种鱼肉里可提取水解蛋白、细胞色素C、卵磷脂、脑磷脂

图6-72 热带鱼

等,河豚的肝脏和卵巢里含有大量的河豚毒素,可以提取出来治疗神经病、痉挛、肿瘤等病症。大型鱼类的胆汁可以提制"胆色素钙盐",为人工制造牛黄的原料。鱼类各纲之间的差异之大就如陆生脊椎动物各纲之间的差异。一般认为,鱼类是体滑而形如纺锤、呈流线型、具鳍、用鳃呼吸的水栖动物,但更多的种类不符合此定义。有的鱼体极长,有的极短;有的侧扁,有的扁平;有的鳍大或形状复杂,有的退化乃至消化;口、眼、鼻孔、鳃开口形状位置变化极大。鱼类是人类的重要食物。过度捕捞、污染和环境变化都会破坏鱼类资源,鱼类捕食有助于控制疟疾等蚊传疾病。鱼是行为学、生理学、生态学及医学的重要实验动物。

大部分鱼是冷血动物,极少数为温血动物,用鳃呼吸,具有颌和鳍。现存鱼类可分为两个主要族群:软骨鱼类(如鲨鱼等)和硬骨鱼类(线状鳍和波状鳍的鱼类)。这两种族群的鱼类都首先出现在泥盆纪早期。线状鳍鱼中较进阶的一群称为硬骨鱼,在侏罗纪时开始进化,已变成个体数量最多的鱼类。另外也有数种已绝种的鱼类。

鱼相伴人类走过了五千多年历程,与人类结下了不解之缘,成为人类日常生活中极为重要的食品与观赏宠物。但人们对什么动物是"鱼",鱼的定义应如何下,却知者甚少。随着科学的发展,人们对鱼所下的定义也发生了很大的变化。

近五亿年前,地球上生命进程中发生了一次重大的飞跃,出现了最早的鱼形动物,揭开了脊椎动物史的序幕,从而推动动物界的发展进入了一个新的历史阶段。真正的鱼类最早出现于三亿余年前,在整个悠久历史过程中,曾经生存过大量的鱼类,很大一部分早已随着时间的消逝而消亡绝灭,现在生存在地球上的鱼类,仅仅是后来出现、演化而来的极小的一部分种类。

(一)种类外形美

1. 纺锤形

纺锤形也称基本型,是一般鱼类的体形,适于在水中游泳,整个身体呈纺锤形而稍扁。在三个体轴中,头尾轴最长,背腹轴次之,左右轴最短,使整个身体呈流线形或稍侧扁,以利于在水中前进时减少阻力。故这类鱼善于游泳,常栖息于水的中、上层,可作长途迁移。例如,鲤鱼、鲫鱼、鲨鱼、蝠鲼(图6-73)等。

图6-73 蝠鲼

图6-74 鳗鱼

2. 侧扁形

这类鱼的三个体轴中,左右轴最短,头尾轴和背腹轴的比例差不太多,形成左右两侧对称的扁平形,使整个体型显得扁宽。因此,其游泳的能力较纺锤形鱼差,生活在水的中、下层,很少作长途迁移。如鲳鱼、蝴蝶鱼、鳊鱼、胭脂鱼、燕鱼等。

3. 棍棒形

棍棒形又称鳗鱼形(图6-74)。这类鱼头尾轴特别长,而左右轴和腹轴几乎相等,都很短,使整个体形呈棍棒状。其游泳能力较侧扁形鱼和平扁形鱼强,适于在水底泥土中穴居和水底砂石中生活。如黄鳝、鳗鲡及多种海鳗。

4. 平扁形

这类鱼的三个体轴中,左右轴特别长,背腹轴很短,使体型呈上下扁平状,行动迟缓,不如前三形灵活,多营底栖生活。例如魟、鳐、鲅鳒和鮟等。

此外,还有一些鱼类由于适应特殊的生活环境和生活方式,而呈现出特殊的体型,例如海龙、翻车鱼、河豚、比目鱼、箱鱼等。无论哪一种体型的鱼,均可分为头、躯干和尾三部分。无颈为其特点,头和躯干相互联结固定不动,是鱼类和陆生脊椎动物的区别之一,头和躯干的分界线是鳃盖的后缘(硬骨鱼类)或最后一对鳃裂(软骨鱼类)。躯干和尾部一般以肛门后缘或臀鳍的起点为分界线,准确地讲,是以体腔末端或最前一枚尾椎椎体为界。

## (二)功能类

### 1. 会飞的鱼

燕鳐鱼体长而扁圆、略呈梭形。一般体长20~30厘米,体重400~1500克。背部颇宽,两侧较平至尾部渐变细,腹面甚狭。头短,吻短,眼大,口小。牙细,上下颌成狭带状。背鳍一个于体的后部与臀鳍相对。胸鳍特长且宽大,可达臀鳍末端;腹鳍大,后位,可达臀鳍末端。两鳍伸展如同蜻蜓翅膀。

### 2. 会走路的鱼

龟壳攀鲈(图6-75)栖息于静止、水流缓慢、淤泥多的水体中。当水体干涸或环境不适时,常依靠摆动鳃盖、胸鳍、翻身等办法爬越堤岸、坡地,移居至新的水域,或者潜伏于淤泥中。龟壳攀鲈的鳃上器非常发达,能呼吸空气,故可离水较长时间而不死,当水体缺氧、离水或在稍湿润的土壤中可以生活较长时间。龟壳攀鲈以小鱼、小虾、浮游动物、昆虫及其幼虫等为食。

图6-75 龟壳攀鲈

图6-76 电鳗

### 3. 会发声的鱼

康吉鲤会发出"吠"音;电鲶的叫声犹如猫怒;箱鲀能发出犬叫声;魴鮄的叫声有时像猪叫,有时像呻吟,有时像鼾声;海马会发出打鼓似的单调音。石首鱼类以善叫而闻名,其声音像碾轧声、打鼓声、蜂雀的飞翔声、猫叫声和呼哨声,其叫声在生殖期间特别常见,目的是为了集群。

### 4. 会发电的鱼

有些鱼类的身体能发电,它们放出的电压,竟比我们生活用电的电压大好几倍。具有发电能力的鱼约有500种之多,如电鳝、电鲶、电鳗(图6-76)、电鳐等。

各种发电的鱼发出的电流强弱和电压高低都不同。电鳐身体又扁又圆,带着一条长长的尾巴,活像一把团扇。生活在非洲尼罗河的电鲶,身体只有1米长,却能发出350伏的高压电。

### 5. 会发光的鱼类

有些鱼类会发光,例如我国东南沿海的带鱼和龙头鱼是由身上附着的发光细菌所发光,而更多的鱼类发光则是由鱼本身的发光器官所发出的。

烛光鱼(图6-77)其腹部和腹侧有多行发光器,犹如一排排的蜡烛,故名烛光鱼;深海的光头鱼头部背面扁平,被一对很大的发光器所覆盖,该大型发光器可能只起视觉的作用。

图6-77 烛光鱼

6. 溺死在水中的鱼

鱼有鳃，可以在水中呼吸，可以在水中自由地沉浮。可是，有人说生活在水中的鱼也会溺死，这是真的吗？

虽然这听起来很荒谬，但却是事实。鱼鳔是鱼游泳时的"救生圈"，它可以通过充气和放气来调节鱼体的比重。这样，鱼在游动时只需要最小的肌肉活动，便能在水中保持不沉不浮的稳定状态。不过，当鱼下沉到一定水深（即"临界深度"）后，外界巨大的压力会使它无法再调节鳔的体积。这时，它受到的浮力小于自身的重力，于是就不由自主地向水底沉去，再也浮不起来了，并最终因无法呼吸而溺死。虽然鱼还可以通过摆动鳍和尾往上浮，可是如果沉得太深的话，这样做也无济于事。

（三）营养成分

（1）含有丰富的完全蛋白质。鱼肉含有大量的蛋白质，如黄鱼含 17.6%、带鱼含 18.1%、鲐鱼含 21.4%、鲢鱼含 18.6%、鲤鱼含 17.3%、鲫鱼含 13%。

（2）脂肪含量较低，且多为不饱和脂肪酸。鱼肉的脂肪含量一般比较低，大多数只有 1%～4%，如黄鱼含 0.8%、带鱼含 3.8%、鲐鱼含 4%、鲢鱼含 4.3%、鲤鱼含 5%、鲫鱼含 1.1%、鳙鱼（胖头鱼）只含 0.9%、墨斗鱼只含 0.7%。

（3）无机盐、维生素含量较高。海水鱼和淡水鱼都含有丰富的磺，还含有磷、钙、铁等无机盐。鱼肉还含有大量的维生素 A、维生素 D、维生素 $B_1$、烟酸。这些都是人体需要的营养素。

我国的鱼文化历史悠久，鱼与人类的关系源远流长。华夏先祖发现的文昌鱼（图6-78），也叫"蛞（kuò）蝓（yú）鱼"，是世界上公认的"鱼祖宗"。

图6-78　文昌鱼

图6-79　白鲟

据史料说，河南安阳市殷墟遗址出土的甲骨卜辞中有"在圃鱼"的记载，也就是说，在我国商代晚期就有人开始在池塘养鱼，距今已有3000多年的历史了。举世公认，我国是世界上最早进行淡水养鱼的国家。

在春秋末年，越国大夫范蠡弃政从商以后，在江苏无锡利用太湖水域进行人工养鱼。公元前475年，他在宜兴收集民间养鱼经验，结合实践，写出了世界上第一部养鱼专著《养鱼经》。最大的淡水鱼是生活在我国长江的白鲟（图6-79），又名"象鼻鱼"，其中最大的有7.5米长，体重达1000千克以上，它仅产于我国，是稀世珍宝。

我国稻田养鱼的历史有2000年以上。从考古资料得知，稻田养鱼早在公元前100年以前就已出现在汉中盆地的勉县两季稻田中，而且成为陪葬品。出土文物把文献记载的我国稻田养鱼历史在北魏农学家贾思勰的《魏武四时食制》的"郫县子鱼黄鳞赤尾，出稻田，可以为酱"的记载基础上又提前了200多年。

"四大家鱼"青鱼、草鱼、鲢鱼、鳙鱼是我国1000多年来在池塘养鱼中选定的混养高产的鱼种。鲢鱼又叫白鲢,在水域的上层活动,吃绿藻等浮游植物;鳙鱼的头部较大,俗称"胖头鱼",又叫花鲢,栖息在水域的中上层,吃原生动物、水蚤等浮游动物;草鱼生活在水域的中下层,以水草为食物;青鱼栖息在水域的底层,吃螺蛳、蚬和蚌等软体动物。这4种鱼混合饲养能提高饵料的利用率,增加鱼的产量。

## 二、虾

虾是一种生活在水中的节肢动物,属节肢动物甲壳类,种类很多,包括南极红虾、青虾、河虾、草虾、对虾(图6-80)、明虾、龙虾等。虾具有很高的食疗营养价值,有蒸、炸等做法,并可以用作中药材。

虾是甲壳亚门十足目游泳亚目动物,有近2000个品种,大都生活在江河湖海中。都有胡须,钩鼻,背弓呈节状,尾部有硬鳞,多善于跳跃。大小从数米到几毫米,平均4~8厘米,体型大者称为大虾,借腹部和尾的弯曲可迅速倒游。吃微小生物,有的吃腐肉。雌虾可产卵1500~14000粒,附在游泳肢上,在成体前要经过5个发育期。它的籽在腹外,味很鲜,人们喜食。虾体长而扁,外骨骼有石灰质,分头胸和腹两部分。头胸由甲壳覆盖,腹部由7节体节组成。头胸甲前端有一尖长呈锯齿状的额剑及1对能转动、带有柄的复眼。虾以鳃呼吸,鳃位于头胸部两侧,为甲壳所覆盖。虾的口在头胸部的底部。头胸部有2对触角,负责嗅觉、触觉及平衡,亦有由大小颚组成的咀嚼器。头胸部还有3对颚足,帮助把持食物,有5对步足,主要用来捕食及爬行。腹部有5对游泳肢及1对粗短的尾肢。尾肢与腹部最后一节合为尾扇,能控制虾的游泳方向。虾的运动器官很不发达,平时只能缓慢地在海底爬行,利用身体腹部的屈伸动作,也能作短距离的游动。

图6-80 对虾

图6-81 虾

我国海域宽广、江河湖泊众多,盛产海虾和淡水虾。海虾是口味鲜美、营养丰富、可制多种佳肴的海味(图6-81),有菜中之"甘草"的美称。海虾有南极红虾、褐虾、对虾、明虾、基围虾、琵琶虾、龙虾等;淡水虾有青虾、河虾、草虾等。北大西洋的普通欧洲虾(亦称普通褐虾)约8厘米(3寸)长,灰或暗褐色,有褐色或淡红斑点。刚毛对虾分布于北卡罗来纳至墨西哥一带沿海,长18厘米(7寸);幼体生活于浅湾,后入深海,食小型动植物。以上两种与褐沟虾和粉红沟虾均有重要经济价值。加州褐虾是太平洋的大虾。淡水虾如匙虾科,主要在温暖地区,有的在半咸水中;有的长达20厘米(8寸)。沼虾属可食,主要分布于热带。鼓虾属可长到3.5厘米(1.4寸),用大螯把猎物夹昏。红海的鼓虾与鰕虎鱼生活在同一穴内,鱼借身体运动给虾发危险的信号。热带的蝟虾长3.5厘米

(1.4寸),珊瑚鱼从它的螯倒游过去,虾为之清除鳞片上的污物。神仙虾体形似虾,但属无甲目,透明的是刚刚长大小虾。

(一)种类外形美

1. 幽灵虾

幽灵虾,一种小型淡水虾类。它们通常被称为幽灵虾是因为其全身完全透明,甚至可以清楚地看到内脏。在渔业生产中主要用作钓鱼的诱饵或是时常被当做饲养蚌蛤的敌害而根除。对于宠物爱好者来说,它们是喂养较大鱼类的鱼食,更甚者,近年来由于个人喜爱而将幽灵虾作为最钟爱的观赏鱼宠物进行喂养,它们除了很容易喂养之外,奇特的外形也深深吸引了人们。

2. 双色虾

据国外媒体报道,英国一名渔民在距离东约克郡布里德灵顿大约10英里(约16千米)的海域,捕到一只极其罕见的双色龙虾(图6-82),它一半身体呈红色,另一半身体呈黑色。渔民把这只被戏称为"哈利·奎恩"的龙虾送到了北约克郡的斯卡博勒海洋生物中心,海洋专家对其进行分析称,出现双色龙虾的概率仅为五千万分之一。该中心发言人托德·格尔曼说:"以前也曾发现过非常罕见的彩色龙虾,但是这只的与众不同之处,在于它的两种颜色是沿它背甲上一条几乎笔直线分开。"他说:"我们经常会发现蓝色、红色和黄色龙虾,但这只是我们听说过的最奇怪的一只,它的一侧是黑色,一侧是暗红色。"它的一只前爪是红色,另一只是黑色,正好与身体两侧的颜色相反,因此被戏称为"哈利·奎恩"(哈利·奎恩是一个虚构的丑角,他穿一身一半红、一半黑的衣服)。"双色龙虾一般都是一侧是一种颜色,另一侧是另一种颜色,但是这只的两边同时有两种颜色。"格尔曼说,"通常发现双色龙虾的概率是五千万分之一,但是我不知道发现像'哈利·奎恩'一样的龙虾的概率是多少。这只龙虾来到我们中心后,我们联系了康沃尔国家龙虾养殖场,他们表示,他们从没见过像哈利·奎恩的龙虾。"海洋专家认为,这只龙虾大约有5岁或6岁。斯卡博勒海洋生物中心的麦卡拉·布维内斯表示,"哈利·奎恩"可以长到其他龙虾的3倍大,而且能再活60年或70年,届时食肉动物将拿它没办法。这只与众不同的龙虾将被放进该中心的奇异展的展箱内。

图6-82 双色龙虾　　　　　图6-83 蓝壳龙虾

3. 蓝壳龙虾

在徐州彭城壹号一家餐厅的张先生曾在开明市场买了11斤龙虾,发现其中有一只竟然是蓝色的。这只蓝壳龙虾(图6-83)头尾和双钳的上面、背部都是深蓝色,头尾和双钳的下面、腹部则是浅红色,个头比正常龙虾略大一点。

据徐州市水产科学研究所工作人员介绍,海产有一种蓝色龙虾,是美洲龙虾的基因变异,较为罕见,但可以食用。至于从市场买到的蓝色龙虾,疑似为龙虾生活环境被污染,导致水质包含重金属,或者饲料中包含添加剂,才会使龙虾变色,此类龙虾最好不要食用。

4. 白色盲虾

英国科学研究小组发现,加勒比海开曼群岛以南一处海沟出现超耐热盲虾,它们不但能在450℃的高温深海中畅游,背部还多了发光器,帮助它们在漆黑中前进。2011年4月,研究小组在距离海面5千米的海床处发现多个火山口,且出现成群结队的白色盲虾(图6-84)。从火山口涌出的热泉温度达450℃,足以让铅熔解,不过这些海虾非但没有被煮熟,还能安然无恙地成群结伴悠游,令人十分好奇。

图6-84 白色盲虾

研究人员表示,观察这些背部发亮的海虾,将它们和火山口的其他动物作比较,有助于了解动物如何在深海中分布及进化。此外,该小组除了找到发光盲虾,还发现过新品种的蜗牛、蛇状鱼类和片脚类动物。

(二)营养分析

虾营养丰富,且肉质松软,易消化,对身体虚弱以及病后需要调养的人是极好的食物。虾中含有丰富的镁,镁对心脏活动具有重要的调节作用,能很好地保护心血管系统,它可减少血液中胆固醇含量,防止动脉硬化,同时还能扩张冠状动脉,有利于预防高血压及心肌梗死。虾的通乳作用较强,并且富含磷、钙、对小儿、孕妇尤有补益功效。日本大阪大学的科学家发现,虾体内的虾青素有助于消除因时差反应而产生的"时差症"。

不管何种虾,都含有丰富的蛋白质,营养价值很高,其肉质和鱼一样松软,易消化,而且无腥味和骨刺,同时含有丰富的矿物质(如钙、磷、铁等),海虾还富含碘质,对人类的健康极有裨益。根据科学的分析,虾可食部分蛋白质占16%～20%。

三、蟹

蟹是十足目短尾次目的甲壳动物,尤指短尾族的种类(真蟹),亦包括其他一些类型,如歪尾族。其分布见于所有海洋、河流及陆地。蟹的尾部与其他十足目(如虾、龙虾、螯虾)不同,卷曲于胸部下方,背甲通常宽阔。第一对胸足特化为螯足,通常以步行或爬行的方式移动。普通滨蟹的横行步态为人们所熟悉,亦为多数蟹类的特征。梭子蟹科的种类及其他一些类型,用扁平桨状的附肢游泳,动作灵巧,大钳子很有力。我国的蟹资源十分丰富,其中以长江下游的太湖、高邮湖、阳澄湖出产的大闸蟹为上品。

蟹是所有短尾族和歪尾族的通称。世界约有4700种,我国约有600种,常见的有关公蟹、梭子蟹、溪蟹(图6-85)、招潮蟹、绒螯蟹等属。歪尾次目中的瓷蟹、蝉蟹、拟石蟹、寄居蟹、椰子蟹等属虽也称为蟹,但与短尾次目中真正的蟹类不同。

图6-85 云南溪蟹

(一)种类外形美

蟹的种类很多,我国蟹的种类就有600种左右,有梭子蟹、青蟹、蛙蟹、关公蟹等,因分布的地理位置不同,所以也有等级之分,一等是湖蟹,如阳澄湖蟹、嘉兴湖蟹;二等是江蟹,如九江蟹、芜湖蟹;三等是河蟹;四等是溪蟹;五等是沟蟹;六等是海蟹。

图6-86 河蟹

河蟹(学名中华绒螯蟹)(图6-86):属甲壳动物,分类学上隶属于节肢动物门,甲壳纲,方蟹科。海水中繁殖,淡水里生长,喜掘穴而居,常匿居于江河、湖池的岸边,或隐藏在石砾、水草丛中。

石蟹(别名簸蟹、溪蟹):淡水和咸淡水产蟹类,属于甲壳纲、十足目、溪蟹科,栖息于溪流旁或溪中石块下。

青蟹(学名锯缘青蟹):青蟹的甲壳呈椭圆形,体扁平、无毛,头胸部发达,双螯强有力,后足形如棹,故有"据棹子"之称。

花蟹(别名远海梭子蟹):头胸甲宽约为长的2倍,梭形,表面具粗糙的颗粒,雌性的颗粒较雄性明显;前额具4齿,中间1对额齿较短小,成体的较尖锐,幼体的较圆钝;前侧缘具9尖齿,末齿比前面各齿大得多,向两侧突出。

梭子蟹(别名三疣梭子蟹):因头胸甲呈梭子形得名。甲壳的中央有三个突起,所以又称"三疣梭子蟹"。

红蟹(别名十字蟹):头胸甲宽约为长的1.6倍,表面光滑;额具6齿,中央4齿大小相近,外侧齿窄而尖锐;前侧缘具6齿,第一齿平钝,前缘中部内凹,末齿小于其他各齿,但较尖锐而突出。螯脚相当粗壮,左右对称;掌节背面具4棘;长节内侧缘具3锐棘。头胸甲为红棕色,具黄色条纹,而中部前方则有一黄色十字交叉纹。螯脚红色并布有黄色斑纹,二指前端为深啡色。

面包蟹(别名馒头蟹、逍遥馒头蟹):头胸甲背部甚隆,表面具5条纵列的疣状突起,侧面具软毛;额窄,前缘凹陷,分2齿;眼窝小;前侧缘具颗粒状齿;后侧缘具3齿;后缘中部具1圆钝齿,两侧各具4枚三角形锐齿。螯脚形状不对称,右边的指节较为粗壮,螯脚收缩时则紧贴前额。步脚细长而光滑。雄性腹部呈长条状,第三至五节愈合,节缝可辨,第六节近长方形,第七节锐三角形;雌性腹部呈阔长条形,第六节近长方形,第七节三角形。

晶莹蟹:头胸甲光裸无毛,但有细微颗粒及横向行隆线;额具6齿,中央4齿大小相近,外侧齿窄而尖锐;前侧缘具6齿,第一至第五齿逐渐增大,末齿最小,呈刺状。

三点蟹(红星梭子蟹):头胸甲梭状,宽约为长的2倍;头胸甲前部表面具颗粒,后部光滑;前额分4齿,成体刺状,幼体较钝,侧齿比中央齿大,但不较突出;前侧缘具9齿,第一齿比随后的7齿长而锐,而末齿最大,向两侧突出。螯脚的长度略大于头胸甲的宽度,长节前缘具3~4棘;指节很长;最后的步脚表面具软毛。头胸甲、螯脚为绿黄色,头胸甲后部有3个圆形镶白边红色斑点;螯脚可动,指有红色标记;步脚则大致为淡蓝色。

旭蟹:长相怪异,像虾又像蟹。在台湾,以澎湖产量最多,壳薄肉多,味道鲜美。由于习惯躲在两侧岩礁,中间沙沟地带,只露出橘红色的额头,如旭日东升而得名。

(二)营养成分

蟹类营养成分见表6-1。

表6-1 蟹类营养成分

| 营养成分 | 含 量 | 营养成分 | 含 量 | 营养成分 | 含 量 | 营养成分 | 含 量 |
|---|---|---|---|---|---|---|---|
| 能量/千焦 | 295.5 | 蛋白质/克 | 11.6 | 类/克 | 1.1 | 脂肪/克 | 1.2 |
| 水分/克 | 84.4 | 纤维/克 | 0 | 灰分/克 | 1.7 | $V_A$/微克 | 0 |
| 胡萝卜素/微克 | 0 | 视黄醇当量/微克 | 0 | $V_B$/毫克 | 0.03 | $V_B$/毫克 | 0.09 |
| 烟酸/毫克 | 4.3 | $V_C$/毫克 | 0 | $V_E$/毫克 | 2.91 | 钾/毫克 | 214 |
| 钠/毫克 | 270 | 钙/毫克 | 231 | 镁/毫克 | 41 | 铁/毫克 | 1.8 |
| 锰/毫克 | 0.31 | 锌/毫克 | 2.15 | 铜/毫克 | 1.33 | 磷/毫克 | 159 |
| 硒/微克 | 33.3 | | | | | | |

(三)功效

我国人民吃螃蟹有久远的历史,可以上溯到周天子时代。直到今天,金秋时节,持蟹斗酒、赏菊吟诗还是人们的一大享受。可见蟹是公认的食中珍味,有"一盘蟹,顶桌菜"的民谚(图6-87)。它不但味奇美,而且营养丰富,是一种高蛋白的补品,对滋补身体很有益处。

图6-87 螃蟹

螃蟹含有丰富的蛋白质、微量元素等营养,对身体有很好的滋补作用。研究发现,螃蟹还有抗结核作用,吃蟹对结核病的康复大有补益。一般认为,药用以淡水蟹为好,海水蟹只可供食用。

(四)螃蟹混养

现在养殖业的利润相对没有以前高,养殖户为了更高的经济效益只能选择扩大空间利用率,于是混养这种方式就出现了。目前螃蟹混养的主流方式有三种。

1. 虾蟹混养

这是一种比较需要管理技术的养殖方式,利润也是比较高的一种。前期先养螃蟹,在螃蟹很脆弱的时候先不喂养虾,等螃蟹褪壳3次左右将虾投入。这种养殖方式中途一定要多观察双方情况,经常会出现虾大量地繁殖的情况,所以虾要控制好数量,多了就要打捞处理。这样养殖的特点在于两者经济收益都可以,其次就是两者有一定的敌对性,可以保持双方的活力健康,增加产量。

2. 稻蟹共养

这是比较适合乡村养殖的一种方式,这样养殖的时候一定要做好防护工作,避免螃蟹跑了。一般是先在田里种植水稻,等到插种秧苗后才放入螃蟹,稻田保持半湿润性,最好要有水。其次水要是活水,经常流动,这样能给螃蟹提供丰富的食物。这样养出来的螃蟹不仅蟹膏肥厚,会带有稻香的味道,而且味道天然,售价很好。当螃蟹收获后大家还可以赚一笔水稻钱,实现了双收入的理想模式。

3. 鱼蟹同养

这种模式目前还在摸索完善,因为这样养出来的鱼的附加值没有上面两种方式的高。这里选择的鱼种要是食草型的温顺鱼种,如罗非鱼、鲢鱼等。另外,鱼投放的时候不要太小,这样会容易被螃蟹攻击。这样养出来的螃蟹和鱼产量都会很高,前者为后者提供了一定的食物,后者为前者净化了池水,两者的经济效益就叠加了起来。在收获的季节建议先收获螃蟹,这样可以避免螃蟹夹伤鱼。

### 四、贝

贝类,即软体动物门,是三胚层、两侧对称,具有真体腔的动物。软体动物的真体腔是由裂腔法形成的,也就是中胚层所形成的体腔。但软体动物的真体腔不发达,仅存在于围心腔及生殖腺腔中。软体动物在形态上变化很大,但在结构上都可以分为头、足、内脏囊及外套膜4部分。头位于身体的前端;足位于头后、身体腹面,是由体壁伸出的一个多肌肉质的运动器官,内脏囊位于身体背面,是由柔软的体壁包围着的内脏器官,外套膜是由身体背部的体壁延伸下垂形成的一个或一对膜,外套膜与内脏囊之间的空腔即为外套腔。由外套膜向体表分泌碳酸钙,形成一个或两个外壳包围整个身体,少数种类壳被体壁包围或壳完全消失。这些基本结构在不同的纲中有很大的变化与区别。软体动物具有完整的消化道,出现了呼吸与循环系统,也出现了比原肾更进化的后肾。软体动物种类繁多,分布广泛。现存的有11万种以上,还有35000种化石,是动物界中仅次于节肢动物的第二大门类。特别是一些软体动物利用"肺"进行呼吸,身体具有调节水分的能力,使软体动物与节肢动物构成了仅有的适合于地面上生活的陆生无脊椎动物。

(一)形态构造

贝类的身体柔软,左右对称,不分节,由头、斧足、内脏囊、外套膜和贝壳5部分组成。头部生有口、眼和触角等感觉器官。斧足在身体的腹面,由强健的肌肉组成,是爬行、挖掘泥沙或游泳的器官。内脏囊位于身体背部,包括心脏、肾脏、胃、肠、消化腺和生殖腺等内脏器官。外套膜包被于身体的外面,系由内外两层表皮和其间的结缔组织、少许肌肉组成。外套膜的表皮细胞分泌贝壳,外套膜和贝壳(图6-88)都是贝类的保护器官。贝类主要

图6-88　贝壳形态

分布在海洋中,有极少部分种群生活在淡水湖泊中。

### (二)生物特性及种类审美

贝类的生活方式因种类而异(图6-89、图6-90)。陆生种类属于腹足类,都用肌肉健壮的足部在陆地上爬行。

图6-89　贝类(一)　　　　　　　　图6-90　贝类(二)

水生的种类生活方式有浮游、游泳、爬行、固着、穿孔和寄生等类型。浮游生活的种类都是随波逐流地在水中过漂浮生活。一般个体较小,贝壳薄或无贝壳,有的种类足特化成鳍,如翼足类、异足类中的许多种;有的种类足能分泌一个浮囊,携带动物在海洋表面漂浮,如海蜗牛。游泳生活的种类能在海洋中长距离洄游,如头足类中的乌贼、枪乌贼、柔鱼等,它们的足特化成腕和漏斗,胴部两侧生有鳍,靠漏斗喷水和鳍的摆动可迅速平稳地游泳。某些双壳类如扇贝、栉孔扇贝、日月贝、锉蛤等虽不是游泳生活的种,但必要时可凭借贝壳的急剧开合和外套膜触手的作用在海中进行蝶式游泳。大部分水生贝类营底栖生活,或在水底匍匐、爬行,或在底质中挖穴隐居,或附着在其他外物上生活。例如玉螺、泥螺等在泥沙底爬行,鲍、马蹄螺、蝾螺等在岩石上爬行,一些裸鳃类如海牛、淡水中生活的萝卜螺、扁卷螺等都在水生植物上爬行。它们的足部肌肉特别发达,跖面广平,适于爬行。很多底栖贝类营埋栖生活,大部分的双壳类属于这种类型。它们的足部肌肉发达,呈斧刃状,适于在泥沙滩挖掘泥沙将身体全部埋藏于底下生活,如帘蛤、樱蛤、竹蛏、海螂等,它们靠发达的入水管和出水管与底表交流以摄食和呼吸。有些底栖贝类营附着生活,像贻贝、扇贝、不等蛤等,足部能分泌足丝,用以附着在岩石、珊瑚礁、其他贝壳或物体上生活。牡蛎、猿头蛤、海菊蛤等则以一扇贝壳固着在外物上生活,这些种类在固着后一般不再移动。有些底栖贝类在岩石、珊瑚礁、贝壳、竹木等外物上穿孔穴居,亦称穿孔生物,如石蛏,海笋科中的一些种、钻岩蛤、船蛆、马特海笋、食木海笋等,都靠发达的水管与洞外交通,汲取海水进行呼吸及摄取水中的微小生物和有机碎屑等作为食料。贝类中也有营寄生生活的。外寄生的如圆柱螺,寄生在棘皮动物腕的步带沟中;内寄生的如内壳螺寄生于锚海参的食道内。

贝类中绝大多数种均可食用,很多贝类的肉质肥嫩,鲜美可口,营养丰富。头足类中的乌贼、枪乌贼、柔鱼、章鱼等海洋生物,腹足类中的鲍、凤螺、香螺、东风螺、涡螺、红螺,以及很多陆生的蜗牛等都是捕捞对象,鲍等还是养殖对象。双壳类中的很多种类如蚶科、扇贝科、贻贝科、珍珠贝科、牡蛎科、蛤蜊科、帘蛤科、蚌科、竹蛏科等科中的许多种类资源丰富,已发展为海水养殖的重要对象,产量也极为可观。除鲜食外,还可干制、腌制或罐藏,产品有淡菜(贻贝干)、干贝(扇贝闭壳肌)、蚝豉(牡蛎干)、蛏干、蛤干、墨鱼干、乌贼蛋（乌贼的缠卵腺）和各种贝肉罐头。不少贝类是不可缺少的优良中药材，如珍珠和珍珠层粉、鲍科的贝壳石决明、宝贝的贝壳海巴、乌贼的内壳海螵蛸、蜗牛肉、海兔的卵群等。产量大的小型贝类可作为农田肥料和家禽家畜的饲料。贝壳的主要成分为碳酸钙，是烧制石灰的原料，还可制作油漆的调和剂、贝雕等工艺美术品，而珍珠更是名贵的装饰品。

但贝类对人类也有一定危害。有一些贝类有毒，人类食用或接触后会中毒。有些淡水和陆生的腹足类是人体和家畜寄生虫的中间宿主，如日本血吸虫的幼体寄生在钉螺体内。海洋中的船蛆、海笋等是专门穿凿木材或岩石穴居的种类，对木船、木桩及海港的木、石建筑物危害很大。

（三）贝类货币文化

1. 天然海贝（图6-91）

公元前21世纪—前2世纪，主要使用于我国中原地区，后逐步被金属货币取代，单位为"朋"，每十枚贝币为"一朋"。在先秦时期，贝同时具有币和饰的双重作用。我国少数民族地区直到明末清初还使用贝作为货币，称为"ba（左右结构，左为'贝'，右为'巴'）"。

图6-91　天然海贝

2. 人工贝类

石贝（图6-92）：公元前16世纪—前2世纪，商周时期商品经济不断发展，货币的需求量不断增大，为弥补自然货币流通不足而仿制的玉贝、骨贝、陶贝、石贝等，被统称为人工贝类货币。它们的形态大抵仿照自然海贝，其交换价值约等于或稍低于天然货贝。

骨贝（图6-93）：公元前16世纪—前2世纪使用。

玉贝（图6-94）：公元前16世纪—前2世纪使用。

陶贝（图6-95）：公元前16世纪—前2世纪使用。

图6-92　人工贝类（石贝）

图6-93　人工贝类（骨贝）

图6-94　人工贝类（玉贝）

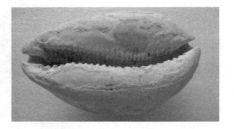

图6-95　人工贝类（陶贝）

## 第六章　现代农业生态产品审美

3. 铜贝（图6-96）

公元前11世纪使用。

图6-96　铜贝

图6-97　包金贝

4. 包金贝（图6-97）

公元前11世纪，商代中晚期，随着社会的发展，人类掌握了冶炼技术，于是便出现了金属贝类货币。造型仿天然海贝，有金贝、银贝、铜贝等。用青铜浇铸的无文铜贝，是我国最早出现的金属铸币。

（四）贝类之美

贝壳的色彩、光泽、形状和花纹变化丰富，出自大自然精湛的设计。它的美学感染力在很大程度上得益于几何形态的规则性和无穷变化，令观察者的视线很快迷失在辐射状的图案或者一根似乎无限延伸的曲线里（图6-98）。

图6-98　贝壳之美

图6-99　贝类中的"活化石"

贝壳的形态随着种类的不同有很大的变化，可以说是形形色色，五花八门。

1. 贝类中的"活化石"（图6-99）

除了无板类，多板类和单板类也是比较原始的类型。当潮水退下去以后，常常可以见到一种很特殊的贝类，它们的颜色和岩石一样，形状有点像陆地上的潮虫。这就是属于多板类的石鳖。在古代一些文化不发达的地区，人们常用石鳖的贝壳串成串，戴在身上做护身符。

与其他贝类身体外面不是有一个就是有两个贝壳的情况不同，多板类的身体背面生长着由八个石灰质壳片形成的一组贝壳，像是一个全身披甲的武士，别的动物很难去侵犯它。这八块板状贝壳彼此关联，呈覆瓦状排列，不能盖覆整个身体。所以一受刺激，它们就像很多昆虫的幼虫一样，把身体向腹面蜷缩起来。

单板类的身体呈椭圆形，有一个像帽子一样的贝壳。以往这类动物只发现有化石种，直到1952年丹麦调查船"嘎拉提亚"在太平洋哥斯德黎加西方3570米的深海才发现了现在生活的种。这类"活化石"的发现,为探讨软体动物的起源与进化提供了新的材料,引起了贝类学者们的重视,开展了不少研究和讨论。

2. 贝类中的"另类"

掘足类是适应于海底埋藏生活的一类很特殊的贝类,它们的头也已退化成身体前端的一个突起。它们的样子也不跟别的贝类一样,既不像双壳类那样有左右两扇贝壳,又不像单壳类那样有螺旋形的贝壳(图6-100),只有一个前后两端都开口的壳。由于其贝壳的形状很像牛角,也很像象的门牙,所以人们把它们叫作角贝或象牙贝。它们的贝壳前端的开口大,是头足孔;后端的开口小,是肛门孔。掘足类的分布也很广,但种类不多,全世界约有200种,有大的,有小的,在世界各地的海洋里都可以找到。因为贝壳洁白好看,因此很多人也喜欢搜集它们。

图6-100　螺旋形的贝壳

图6-101　贝壳的色彩多样

3. 贝类中的"巨无霸"

瓣鳃类的鳃呈瓣状,是贝类中的第二大家族,包括蚶子、贻贝、牡蛎、扇贝、蚌等人们常见的种类。因为它们具有两扇贝壳,所以又叫它双壳类。又因其头部长期在贝壳里不出来,失去了它的作用,完全退化了,所以也有人给它取名叫无头类。瓣鳃类都是水生的,大部分是海产,少部分是淡水产,全世界大约有15000种。

蚶子是瓣鳃类中比较原始的类型,最明显的特点是两个贝壳用小齿互相嵌合在一起。如果在海边踩到贝壳,发现它们的铰合部是直的,并有一列小齿,那就一定是属于蚶子一类了。扇贝因其贝壳很像扇面而得名。因为干贝是它的产物,所以也把它叫海扇或干贝蛤。扇贝用足绦附着在浅海岩石或沙质海底生活,一般右边的壳在下,左边的壳在上平铺于海底。扇贝的种类很多,而且它们的贝壳色彩多样,肋纹整齐美观,所以人们很喜欢捡拾收藏(图6-101)。

瓣鳃类中还有不少奇特的种类。如江珧是一种很大的双壳类,贝壳为长三角形,尖的一头插在泥沙里,宽的一头露在外面,用足绦固着在沙砾上。海菊蛤生活在热带海区,它用右壳固着在海底岩石、珊瑚礁或其他外物上,它们的贝壳常具鲜艳的色彩,而且表面有形似菊花瓣的棘状突起,并因此而得名。日月贝更是非常令人惊奇,它们是在海底沙滩上平趴生活的,下面的一扇贝壳铺在沙上,得不到光线,所以完全是白色的;上面的一扇贝壳照得到光线,呈珠红色。因为它们的贝壳很圆,一个贝壳红得像太阳,一个贝壳白得像月亮,所以被称为日月贝是再恰当不过了。

很多生活于海洋或淡水中的贝类,如鲍鱼、蚌、贻贝、江珧、砗磲等,其贝壳内外套膜的部分细胞,有分泌角蛋白和碳酸钙的作用,交互重叠形成珍珠质层。如果受到进入体内的外来物质的刺激,这些分泌物就会不断地把外来物质包裹起来而形成具有光泽的圆珠体,即珍珠。但是珍珠产量大、质量好的,则是海产的珍珠贝,其中又以大珠母贝所产的珍珠最大,而且色美、质优、光泽迷人。

栖息在热带海洋中珊瑚礁间的库氏砗磲又叫大砗磲,最大的壳长可达1.8米,重约250千克,是一种最大的贝类。一扇大的库氏砗磲贝壳,可作婴儿浴盆。两扇贝壳的闭合力量大得惊人,据说可以轻而易举地将船锚的铁链折断。贝壳很厚,略呈三角形,有5条粗大的覆瓦状放射肋,生长轮脉明显,在贝壳表面形成弯曲重叠的皱褶。

在我国南海一带,除了库氏砗磲外,还有肋上有翘起的像鱼鳞一样的鳞片的鳞砗磲和身体很长的长砗磲,以及生活在水底砂中的砗蚝。砗蚝的贝壳外形呈不相等的四边形,两个壳的大小相同,在贝壳的外面有多条肋,肋上有许多不规则的刺状的突起,与砗磲不同。

### (五)贝中之宝——"宝贝"

腹足类的足极为发达,位于身体的腹面,所以叫腹足类,许多常见的贝类像鲍鱼、宝贝、红螺、田螺、螺蛳、钉螺、蜗牛等都属于这一类。它们通常有一个螺旋形的贝壳,所以也称单壳类或螺类。这是软体动物中包括种类最多的一类,世界上现生的种类就有大约8万种,分布遍及全世界,包括海洋、淡水和陆地上,甚至在8000米的深海和海拔5500米的高原地带。

冠螺的贝壳大而坚厚,表面为灰白色,并有不规则的红褐色斑纹,在接近壳口的边缘处有很大的红褐色斑块。由于壳口狭长,内、外层都扩张为帽缘状,使整个螺体的外形就像《西游记》里唐僧所戴的帽子,所以又被称为"唐冠螺"。

在海产的腹足类中,有很多种具有非常美丽光泽的贝壳,无论是在从前或现代,人们都是非常喜爱它们的。在这些种类中,最有名的是宝贝。

在古代,还没有黄金、货币的时候,人们就是用这些宝贝的贝壳当作货币使用的。因此,相传下来,一切有价值的、珍奇的东西就都称宝贝。

宝贝的贝壳一般都近于卵圆形,壳面非常光滑,而且随着种类的不同具有各种不同的美丽花纹,非常好看,无须琢磨,犹如天然的艺术品。宝贝的种类很多,在我国沿海已经发现的就有40多种。其中最普通的一种叫货贝,这是一种小形的宝贝,贝壳为椭圆形,淡黄或金黄色,中心为浅绿色,背面隐隐有两道淡灰色横纹,极为光亮。这种宝贝在古代曾被很多地区当作货币使用,汉字中的"贝"字,就是按照这种宝贝的形状创造出来的象形文字,因为"只"上面的"目"字正是贝壳的轮廓加上在壳面的两道横纹;而"目"下的一撇一点,正如壳下伸出来的一双触角的速写。

在贝类中,像宝贝那样比较美丽的还有绶贝、鸡心螺、榧螺、蜀江螺、凤螺、水字螺等很多种。虎斑宝贝又叫虎皮贝,是我国所产宝贝中最大、最美的一种。贝壳表面十分光滑,外壳下边是洁白的,釉质的光泽很亮,顶部有一些黑色的斑点,大小不均,有圆的,也有椭圆的,颜色的深浅比较接近。这种图案很像虎皮,这就是被人们称虎斑宝贝的原因。

### （六）螺旋形贝壳的由来

蜗牛是属于腹足类的软体动物,有一个螺旋的贝壳,从贝壳的顶端看,贝壳旋转的方向分成两类,一类是顺时针右旋的,另一类是逆时针左旋的。通常有右旋贝壳的蜗牛叫右旋蜗牛,有左旋贝壳的蜗牛叫左旋蜗牛。一般说来,右旋蜗牛的数量要比左旋蜗牛多。

左右对称是软体动物的特征之一,但腹足类却由于在发育过程中发生扭转而导致左右不对称,有的自左而右,有的则相反,因而有左旋和右旋之分,这是在进化时经过一定的演变而形成的。其实腹足类的祖先也是左右对称的,但由于长期适应水底爬行的生活,腹面的足逐渐发达,身体也加大增高,碗形的贝壳已不能完全将其遮蔽,所以发展为圆锥形,但运动时又显得极为不便,也难以保持平衡,为此贝壳和身体便倒向后方。这样虽然减少了前进的阻力,却又使原来位于体后的外套腔出口受压,腔内的水流无法畅通,影响了各器官的正常生理机能。于是,腹足类在进化中又发生了相应的演变,身体发生扭转,使外套腔内水流的问题得以解决,同时贝壳也发生了卷曲,卷成螺旋状,这样既保持了原有的容积,又大大减少了贝壳的长度,增加了行动的灵活性,形成了腹足类常见的螺旋形贝壳。

### （七）贝类中的"天文学家"

头足类的头部、足部都很发达,足环生于头部的前方,因此得名。它们全部都是海产,包括乌贼、章鱼、鱿鱼等,共有500余种。与其他软体动物不同,它们大多能在海洋中做快速、远距离的游泳,因此它们的身体构造就发生了不同的变化。现生的种类除了鹦鹉螺以外已经没有妨碍游泳活动的笨重的外壳。贝壳或是包在外套膜里面形成内壳,或是完全退化了。例如,乌贼的内壳叫墨鱼骨或海漂鞘,其形状为椭圆形,很像一只船。

鹦鹉螺的贝壳很大,不过不是左右卷曲,而是沿一个平面从背面向腹面卷曲,呈螺旋形,没有螺顶。其贝壳的色彩也很美丽,外表较光滑,呈灰白色或淡黄褐色,间杂有15~30条橙红色、褐红色或褐黄色的波状横纹,银白色的珍珠层很厚,内面有极为美丽的珍珠光泽,真是一件天然的艺术品。

贝壳的精美和多样,是建筑作品无法相比的。它的美,让人有足够的理由对其加以欣赏和研究,不过,贝壳所能给予的远非这些。随着软体动物的生长,贝壳在逐渐长大;与此同时,生命中的各项日常活动以及标志它们生存的独特环境,也都详细地刻在了贝壳上;此外,在记载生命史的化石记录中,也有已经灭绝的种留下的大量贝壳。因此,我们不仅能对现存物种进行研究,而且能对远古软体动物的生活和死亡状况进行研究。

一个有趣的例子是,在鹦鹉螺壳室的每个壁上都生有很多条清晰的环纹,称为生长线,同一个地质年代的鹦鹉螺化石,其生长线数目是一样的。例如,距今32600万年前的鹦鹉螺化石上有15条生长线,距今6950万年前的鹦鹉螺化石上有22条生长线,现生的鹦鹉螺则有30条生长线。可见鹦鹉螺生长线的数目随着年代的不同发生变异,从远古到现代,生长线的数目越来越多。通过生物学与天文学的有关研究发现,不同年代鹦鹉螺生长线的数目与当时月亮绕地球一周所需要的天数恰好相吻合,因为在距今约32000万年前,月亮离地球较近,绕地球一周需要15天;在距今约7000万年前,月亮离地球渐远,绕地球一周需要22天;现在月亮离地球就更远了,绕地球一周大约需要30天。所以,有人称鹦鹉螺为"伟大的天文学家"。

# 第七章

## 现代农业生态旅游审美 >>>

党的十八大报告指出，统筹城乡经济社会发展，加快发展现代农业，增强农业综合生产能力，确保国家粮食安全和重要农产品有效供给。坚持把国家基础设施建设和社会事业发展重点放在农村，深入推进新农村建设和扶贫开发，全面改善农村生产生活条件。着力促进农民增收，保持农民收入持续较快增长。中央经济工作会议也进一步提出要"把发展现代农业作为推进新农村建设的着力点"，而且2013年，中央关于"三农"工作的《中共中央、国务院关于加快发展现代农业进一步增强农村发展活力的若干意见》也明确指出：按照保供增收惠民生、改革创新添活力的工作目标，加大农村改革力度、政策扶持力度、科技驱动力度，围绕现代农业建设，充分发挥农村基本经营制度的优越性，着力构建集约化、专业化、组织化、社会化相结合的新型农业经营体系，进一步解放和发展农村社会生产力，巩固和发展农业农村大好形势；稳定发展农业生产，加大新一轮"菜篮子"工程实施力度，扩大园艺作物标准园和畜禽水产品标准化养殖示范场创建规模，以奖代补支持现代农业示范区建设试点，推进种养业良种工程，加快农作物制种基地和新品种引进示范场建设。

据此而言，投资建设优秀生态旅游和发展现代农业，是完全符合国家政策导向的。生态旅游是一个很宽广的产业体系，尽管传统的观光旅游仍然占有重要地位，然而节假日休闲、游乐、娱乐、会展、商务、培训、运动探险、康体疗养、餐饮、现代农业等，都已经在生态旅游的大结构中形成共生。因此，多产业的综合成为生态旅游开发的基础。随着我国经济社会三十多年的快速发展，生态旅游成为人们的时代需求。利用区域优势发展生态旅游经济，能够促进消费，带动经济结构转型，增加地区税收，促进就业并有利当地居民增收，带动相关产业发展。而现代农业是集约化经营、专业化生产与生态化发展有机结合的农业，兼有高投入、高产出、高效益以及绿色、安全和富民强农的多重特性与优势。打造现代农业发展高地和促进农村经济增长，形成农业发展的典范和标杆，对于落实科学发展观、积极探索解决"三农"问题、促进社会主义新农村建设、开拓农业现代化建设新局面、实现城乡统筹发展和全面建设小康社会目标等都具有重要的战略意义。

## 第一节 生态旅游概述

我国是一个发展中的农业大国，农业是国民经济基础，农业的可持续发展影响并决定着我国经济与社会的可持续发展。生态旅游农业是实现农业可持续发展的有效途径之一。发展生态旅游农业不仅可以调整和优化农村产业结构,缓解农村资源、环境和人口压力,增加农民收入,提高农业综合生产能力,也可以协调经济与生态、人与自然的关系,促进传统农业向现代农业的转变,实现农业可持续发展。同时,发展生态旅游农业还可以为社会提供新的旅游产品,有助于旅游业的可持续发展。

## 一、生态旅游的内涵及特点

### (一)生态旅游的内涵

"生态旅游"这一新鲜名词最早于1983年被国外学者提出,但在其发展壮大的历史进程中,每个国家基于不同理解形成了关于生态旅游的不同看法,据统计,有关生态旅游方面的概念就有100多种。原世界旅游组织秘书长弗朗加利(Frangiall)指出,生态旅游应当承担起为弱势群体创造就业岗位、刺激经济活力、减少贫困、为保护资源提供必要的财力等方面的责任。笔者参考了有关资料,并综合了弗朗加利的观点,得出目前国外关于生态旅游较权威的定义有如下几种:

(1)世界生态旅游学会给出的定义为:有目的地前往自然地区去了解环境的文化和自然历史,它不会破坏自然,而且它会使当地社区从保护自然资源中得到经济收益。这个定义着重强调其经济收益性。

(2)日本自然保护协会给出的定义为:提供爱护环境的设施和环境教育,使旅游参加者得以理解、鉴赏自然地域,从而为地域自然及文化的保护、为地域经济做出贡献。这个定义着重强调其环境保护性。

(3)澳大利亚联邦给出的定义为:以大自然为基础,涉及自然环境的教育、解释与管理,使之在生态上可持续的旅游。这个定义强调其教育性。

(4)国际生态旅游协会给出的定义为:对自然界负责任的一种旅游活动,即在保护自然旅游目的地生态环境的前提下提高当地居民生活质量。这个定义强调其经济作用和生态功能。

关于生态旅游的定义,我国学术界的观点可以概括为以下两种:一是陈传康教授提出的"四大特征"定义,即对游客进行环保教育、保护资源、有一个不破坏自然的规划、推动地方经济发展。二是郭来喜提出的"六大特征"定义,即以生态学思想为设计依据、以大自然为活动舞台、孕育科学文化的高雅品质、活动形式多样化、旅游者高强度参与、增强人类环境意识。

综合国内外学者给出的不同定义,本书对生态旅游的定义是:以现代生态文明理念为指导,以具有较高生态文明素质、崇尚健康自然生活的人为主体,以优美的自然风光与深厚的文化底蕴、具有浓郁地方特色的民俗风情等多种生态旅游资源为客体,以追求经济效益、社会效益、生态效益相统一为目的的一种新型旅游实践方式。

### (二)生态旅游的特点

从世界范围来看,作为整个旅游行业中一个发展得最快的分支,生态旅游业除了具有敏感性、依赖性、涉外性和带动性等一般旅游业所具有的特点之外,还具有特有的综合性、实践性和可持续性等三大明显特点。

1. 实践性

生态旅游是人类的实践方式,人类为了满足自己的旅游需求,改造自然环境,维护生态平衡,从中获得生态审美感。一方面,使生态环境得到保护和利用;另一方面,使人自身得到自由全面发展。人们从事生态旅游从表面上看是一种休闲方式,但从本质上看是一种实践方式。人们改造生态旅游景点的活动,肯定是一种实践活动;人们在生态旅游活动中,保护生态旅游环境,这也是一种实践活动。生态旅游不仅是处理人与自然关系的生产实践活动,而且是处理人与人之间关系的社会实践活动。通过生态旅游改善人与自然之间的关系,促进生态和谐;通过生态旅游处理人与人之间的关系,促进社会关系和谐;通过生态旅游,促进人自身的和谐。

2. 综合性

生态旅游业是带动性强、牵涉面广的综合型产业,其生产过程、产品种类及产生效益等方面都具有综合性。在生产过程中,旅游业涉及旅游行业内部的吃、住、行、游、购、娱等六大方面,农业、林业、渔业、建筑业、轻工业、畜牧业等物质资料生产单位,卫生、宗教、园林、文化、邮电、科技、金融、教育、环保等部分非物质资料生产单位。为了满足生态旅游者对六大旅游要素的需求,许多国家因地制宜地将生态旅游业与其他产业结合起来,生产综合性产品,主要有:一是生态花卉苗木生产;二是特色生态农庄经营;三是动物珍禽饲养。生态旅游产品极具综合性,其所提供的产品有人文自然的,也有历史遗存和现代创造的;所凭借的旅游设施条件中,包括了旅行社、餐饮、酒店、交通运输工具;提供的服务不仅是单项服务和单个具体物品,它综合囊括了吃饭、住宿、游览、娱乐、购物等多项服务,是一种复合型产品;产生的效益极具综合性,所追求和实现的目标是经济、社会和生态效益的综合统一。

3. 可持续性

生态旅游的可续性表现在空间、时间上的动态性和发展过程的可持续性。空间上的动态变化主要是生态旅游者在旅游活动中与目的地的生态环境间的动态互动过程;时间的动态变化是指生态旅游业的季节性,由于旅游目的地的经纬高度、气候变化、地势高低、海拔等不同,各地会产生不同的生态旅游业的淡季、平季和旺季,造成旺季旅游设施和服务人员不足,而到淡季则门可罗雀,造成闲置。为了弥补生态旅游资源因空间和时间上的动态性造成的资源闲置,可持续性发展就成为生态旅游发展的必然选择。这种发展方式注重旅游发展与社区经济发展、环境保护相结合,是一种与可持续发展原则相协调的旅游形式,其目的是为了实现向旅游者提供高质量的旅游环境、改善居民生活水平、增加社会未来发展机遇的多重统一,因此,生态旅游产业具有可持续性。

## 二、生态旅游的发展状况

(一)国外的生态旅游发展状况

旅游业经过近几十年的年均增长速度超过6%的快速发展,已一跃成为世界上第一大产业,占到全世界商品及服务生产的7%,就业人员占到全世界就业总量的1/4。随着人们的生态环境意识的不断提高,生态旅游满足了人们亲近自然、呼吸自然空气的出游需求,同时契合了可持续发展的目标,近年来发展迅速,年增长率达25%~30%。据世界旅游组织估计,目前,亚洲及南非一些国家和地区的生态旅游收入占其国际旅游总收入的15%左右,以生态旅游为主的一些地区则占比更高。生态旅游业以高于旅游业总体发展速度的速度迅速增长,所占到的比例越来越大。

目前,全球的生态旅游者主要来源于欧美和亚太地区的经济强国,其去到的地方多为拉美、非洲及亚洲的经济欠发达国家。这些经济欠发达国家有着大量的天然的原始景观、优美的自然风光和丰富的文化资源,具有发展生态旅游得天独厚的优势。这些国家看到了欧美发达国家发展工业带来的恶果,其领导人认识到大众旅游给环境保护带来了消极影响,从而将替代性强、对环境没有破坏、回报率很高的生态旅游业作为大力发展的新兴产业来予以扶持。据统计,近二十年来,到经济欠发达国家和地区旅游的生态旅游者人数年均增长6%,到发达国家旅游的人数年均增长3.5%,到亚洲旅游的人数年均增长10%,生态旅游已经成为这些地区打造特色旅游品牌的活招牌。

地处非洲的肯尼亚是国际上发展生态旅游的鼻祖,生态旅游一直发展得很好。肯尼亚的野生动物分布广、数量多、品种全。在20世纪初殖民主义的残酷统治下,人们对大型动物野蛮的狩猎活动十分盛行,参与者和受益者主要为白人。经过肯尼亚人民的不断争取,该国政府于1977年宣布完全禁猎野生动物,并宣布野生动物及产品交易为非法。在此背景下,失业的人们另辟蹊径,因时提出了"通过照相机拍摄肯尼亚"的发展思路。他们将丰富的生态资源,包括珍奇野生动物、良好的生态丽景、美丽的自然风光和洁净的海滩转化成招徕游客的生态旅游产品。旅游业一跃成为该国最大的外汇来源,大大超过了咖啡等创下的外汇收入,该国现每年接待生态旅游者300余万人次,创汇收入在200亿美元以上。

哥斯达黎加生态旅游发展十分迅猛,这个国家生态资源丰富,森林和草地占到国土面积2/3以上,动植物品种占全世界总量的5%。该国充分利用这些丰富而独特的自然资源,先后建立了34个国家公园和自然保护区,面积庞大,占全国总面积的四分之一,是闻名于世的"生态王国"。为了确保生态旅游健康发展,该国制定了严格的法规,专门成立了执法机构来严格执法,对破坏环境的行为进行严处。该国生态旅游创汇超过过去的香蕉和咖啡,一跃成最大的创汇产业,每年接待生态旅游者的人数超过300万人次,每年创汇高达180亿美元,生态旅游业已成为该国的支柱产业。

世界旅游协会发布的数据表明,2000年赴巴西的亚马逊流域、委内瑞拉、巴拿马等自然保护区参加"生态旅游"的游客比1982年翻了三番,旅游综合收入年均以10%~30%的速度快速增长。

墨西哥是北美洲的生态旅游发达地区,该国有"王蝶"、龙卡坦自然保护区等一大批生态旅游景点,经过近二十年的快速发展,现在每年到墨西哥进行生态旅游的游客达375万人次,创汇收入达135亿美元,生态旅游已成为该国的亮点。

美国是世界上公认的生态旅游大国,该国在1872年建立了世界上首座国家公园。一直以来,该国从政策和资金上大力扶持生态旅游发展。目前,美国每年接待的生态旅游者人数、创汇收入和客源输出均占世界首位。该国于1990年就成立了专门的生态旅游发展机构,制定了生态旅游保护的一系列法规和发展纲要,促进了生态旅游一年上一个新台阶,成为各国争相学习的典范。

澳大利亚近年来凭借独特的生态环境和丰富的生态资源，着力发展生态旅游。2000年起大力实施生态战略，加大资金投入，改善生态环境，升级旅游基础设施，提升生态景区的档次，强化市场营销，推出了乡村休闲游、农场休闲游两大主打产品，赢得了国际生态旅游市场，为该国整个旅游业的发展注入活力。

日本作为一个人口密集的大国，一贯注重环境保护，在发展生态旅游方面有成功的经验。该国制定了环境基本法等一系列法律，加入《世界遗产公约》，设立了专门的生态旅游发展委员会和公益基金，用来指导全国生态旅游资源保护、产品推广等。近年来，日本推出了以保护环境、关爱自然为主题的赴北海道乌托纳河畔野鸟栖息地观鸟的集体旅游，同时，还推出了举家徒步的生态旅游休闲活动，让游客亲近自然山水，体验人文关怀，接受寓教于乐的生态环保教育。

（二）国内的生态旅游发展状况

在我国古代的经史子集中，有关热爱自然、保护自然、天人合一等朴素的生态旅游思想处处可见，文人骚客寄情于山水天地间，留下了许多诗词佳句。我国生态旅游最早可以从改革开放后的1982年算起。这一年，我国公布了第一批国家级风景名胜区和国家历史文化名城，张家界国家森林公园也在这一年正式对外接待游客。我国生态旅游发展遵循的是"政府主导、企业参与、市场运行"的发展之路。1995年，我国首次召开了生态旅游高级研讨会，发布了生态旅游发展倡议书，从此生态旅游被正式纳入国家旅游发展战略，受到各级党委政府的重视。截至2011年年底，我国有森林公园2583处，除西藏自治区以外，各级森林公园已在我国各地开发。国内森林旅游收入逐年攀升，1992年首次突破亿元大关，到2011年，我国森林公园接待游客4.68亿人次，实现旅游综合收入达3000亿元，创造了64万个直接就业岗位，500万余个间接就业岗位。

以张家界国家森林公园发展为例，它是我国第一个国家森林公园，是世界自然遗产。近二十年来，张家界国家森林公园基础设施不断完善，神奇的山水和推出的文化演出节目深受游客欢迎，促进了其生态旅游的发展。据统计，该公园所在的武陵源区的旅游业收入已占GDP的85%以上，促进当地产业结构不断优化，居民收入不断提高。张家界市2012年接待国内外游客3900万人次，实现旅游收入217.4亿元。我国另一例生态旅游发展的成功案例是长白山国家级自然保护区。该区于1979年被划为生态圈保护区和二类开放区，国务院于1995年批准其开展生态旅游业务，当年就有86149人前去旅游。近二十年来，生态旅游业发展突飞猛进，年均以两位数的速度增长。2019年，接待中外游客61.5亿人次，实现旅游收入6.63万亿元。我国优美的自然风光、深厚的文化底蕴、浓郁的民族特色深深地吸引了国内外游客前来游览。我国将进一步加大对生态旅游区的建设力度，加快产品开发，加强市场营销，延长旅游产业链，增加游客在我国的逗留时间，增加旅游消费。

生态旅游是一个系统工程，牵涉到多个方面，旅游工作者要善于抓主要矛盾、分析问题、化解危机。和谐开放动态的思维方式有助于激发旅游工作者的创新力，使之不断探求，高质量解决主客体之间的矛盾。积极运用和谐开放动态的思维方式进行生态旅游的总体设计、科学谋划、合理布局、统筹安排，着眼于生态旅游发展的整体性、有机性以及结构功能的统一性，追求生态旅游发展的整体优化和动态平衡，从而达到既善于运用创新思维拓宽视野,打造新优势,寻求新动力,实现新突破,推动生态旅游由资源依赖型向创新驱动型转变,又能够主动运用和谐开放动态的思维整合力量、协调关系,调动各方面的生态资源,发挥各方面的积极性,使生态旅游实现可持续发展。可见,转变思维方式是提高旅游工作者创新力的重要前提条件。

## 第二节　生态旅游资源的美学特征

东晋诗人陶渊明在《桃花源记》中写道:"夹岸数百步,中无杂树,芳草鲜美,落英缤纷……土地平旷,屋舍俨然。有良田美池桑竹之属。阡陌交通,鸡犬相闻。其中往来种作,男女衣着,悉如外人。黄发垂髫,并怡然自乐。"这样美好的生活,自然景色和农业景观相互融合,生态与人文相结合,这不仅是古代人也是当代人诉求的生态之美。人类审美的最初印象来源于自然,生态环境不仅有助于人们生态价值观的回归,还提高了人们对于生态的自觉保护性。

### 一、生态旅游资源的内涵

旅游资源是指吸引旅游者前来进行旅游活动,并能够为旅游业所利用的,能够产生一定的经济、社会、生态效益的对象物。那么生态旅游资源是指吸引旅游者前来进行旅游活动的生态对象,这种吸引因素主要是生态旅游资源本身所蕴含的生态美,一种自然与生命交融、和谐共生的状态,它吸引并满足了旅游者"回归自然"的需求。与传统旅游资源不同的是,生态旅游资源在开发和利用过程中十分注重环境保护及可持续发展,鉴于某些原生态旅游资源的脆弱性较强,因此必须要确保实现经济、社会、生态的协调发展。典型的生态旅游资源有自然保护区、湿地公园、古朴的民俗建筑等自然生态区域。将生态旅游资源的内涵归结为:首先,生态旅游活动的客体是旅游者从事生态旅游活动的对象物;其次,其旅游吸引力的核心在于本身蕴含的生态美;再次,生态旅游资源可以为旅游业所利用并产生一定的经济、社会、生态效益;最后,生态旅游资源必须在保护的前提下进行开发,并实现可持续发展。

### 二、生态旅游资源的作用

生态旅游资源是一种有限的资源,遭到破坏就无法复原,具有不可逆转性。生态旅游资源具有满足人类对自身生活品质不断提高的要求,旅游活动主要有自然景观和人文景观的审美,这种审美活动能够锻炼旅游者身体,也可以涤荡其心灵,培养人们高尚的情操,自尊的情怀,获得各种感官和心理层次的审美享受,使人们感到幸福、满足对精神的诉求。城市湿地结合了生态性、自然性以及人工性,它所呈现出的生物多样性和景观设计的原生自然性体现人们回归大自然的生理和情感需求。

#### (一)审美观赏

审美观赏是生态旅游资源最重要的美学特征。在旅游审美活动中,绚丽多姿的自然与人文景观使人们得到不同层次的审美体验或形态各异的审美意象。苏轼在《题西林壁》一诗中这样描述他在庐山观景的感受："横看成岭侧成峰,远近高低各不同。不识庐山真面目,只缘身在此山中。"风景不分时代、不分阶级,世世代代为人们所欣赏、所赞美。欣赏风景可以增加知识、陶冶情操、丰富生活。把风景作为审美对象在我国来源较早,如孔子的"智者乐水,仁者乐山"。

山水风景中蕴藏着各种各样的美,这些美表现出丰富多样的形式,如形象美、色彩美、动态美、声音美、朦胧美、巧合美等等,它们是风景美的主要特征或主要表现形式。旅游者大多是从形式美的角度游览、观赏风景、体会美感的。在旅游审美观赏中,动态观赏和静态观赏是两个最为普遍的观赏方法。动态观赏中,旅游者沿着一定的风景线,采用不同的代步工具,在游览过程中欣赏那些变幻的风景名胜,比如李白游长江三峡时写到"朝辞白帝彩云间,千里江陵一日还。两岸猿声啼不住,轻舟已过万重山。"那流动的景象,均是对运动美、流动美的精彩写照,诗歌体现了李白轻松愉快的审美愉悦感。静态观赏是旅游者身处在一定的方位上,面对风景时做出的一种欣赏活动,"万物静观皆自得,四时佳兴与人同"这里强调的是静观默照之道与"天人合一"之境,旅游者在游览一些重要景点时,要设法在景观中感悟景物的诗情与画意。

(二)审美吸引力

不同的生态旅游区域拥有不同的名山大川、森林草原、江河湖瀑、奇珍异兽等自然景观,这些自然景观展现出强烈的自然美。在景观审美吸引力中,首先风景中最显著的特征是形象美。形象美是指自然景观总体形态和空间形式的美,在欣赏自然景观美时,首先应该注意从分析形象特征入手,抓住构景要素的本质特点进行进一步的认识。风景形象美的特征非常丰富,主要表现为雄、秀、奇、险、幽、旷、野等。

以"雄"为美的景区或景点,建筑物主要处于山顶、极处,以便强化其雄伟之势,比如东岳泰山,每到险要高矿之处,必有建筑点缀其间,特别是南天门十八盘一段,飞龙岩与翔凤岭左右对峙,松涛盈耳,石阶万级,犹如高入云端的天梯,升入天界的通道,使泰山更显得宏伟壮观,颇有"天门一长啸,万里清风来"的意境。衡山、嵩山与峨眉山等地的建筑布局,皆有类似之处。另外山坡陡峭、山体线条挺直、植被稀少、自然轮廓分明也有助于形成雄伟的气势特征。除了山体以外,水体也能产生雄的形象美。水的雄壮在于水面的辽阔和水势的激荡,如钱塘江大潮有"天下之伟观也"的赞誉,黄河壶口瀑布也具有"雄"的美感。自然风景中的这些雄伟、壮观的形象,引起人们的审美感受主要是赞叹、震惊、崇高、愉悦,雄壮之美使人产生仰慕之情,增人豪情壮志,催人奋发进取之意。

以"秀"为美的景点,建筑物往往依山傍水,掩映山林。如在江南号称"地上天堂"的苏杭,经常可以在主要景点看到造型轻巧、尺度适宜、体态匀称、色彩素雅的亭台楼阁与小桥流水式的景致。它们或成诗入画,或供人小憩,或引人静观,有益于增加景区的趣致风雅。风景的秀美的主要特点是柔和、秀丽、优美、雅致和精巧,它与阴柔美是同一审美范畴。它引起人们的审美感受主要是甜美、安逸、舒适,秀美景观使人悠然自得、心绪平和、愉情养神。

以"奇"为美的景区和景点,建筑物在布局设计上惯于采取巧妙因借的手法,构成更为幻变曲折、令人叹奇的景致。比如云南石林时上时下、时隐时现；黄山千姿百态的石、松、云、泉都体现出奇的特征，奇特之美的景观能愉悦人的情感，启迪人的智慧，激励人们追求和探索。

以"险"为美的景区，建筑物一般沿着山崖设计，极险无比，凸显出"无限风光在险峰"的意境。这对于旅游者特别是年轻旅游者来说富有吸引力，往往越是充满奇险的地方游客就越想攀登，而且往往越是险的地方，越有美丽奇特的风光，比如王安石在《游褒禅山记》中所说："世之奇伟、瑰怪、非常之观，常在于险远。"黄山的天都峰、张家界的黄狮寨都是以险、美著称。

以"幽"为美的景点，建筑物通常掩于密林，藏于山麓，沉于谷底，形成密林隐殿宇或深山藏古寺式的幽静宁寂之境，北京门头沟山区的潭柘寺、浙江雁荡山的灵岩寺、山东青岛崂山的夏清宫等便是范例。

以"旷"为美的景点，建筑物往往选择临湖或沿江的制高点而设计，以供游人登高俯视、远望或纵览景观的全貌与气势。洞庭湖畔的岳阳楼、钱塘江边的六和塔、武昌城外江边的黄鹤楼等，便是典型的例证。旷远之美的景观，给人的审美感受与美育功能是使人视域空间开阔，心境开朗豁达。

以"野"为美的景观多见于原始天然、纯真古朴、富有野趣的景观，其一般很少受人类干扰、雕饰或者破坏，许多地区都具有这种美，比如西北荒漠地区的"大漠孤烟直，长河落日圆"，有山林之野的美，也有那美人的天生丽质，村姑的淳朴等，它们的共同之处就是妙境天成，绝少人为，可谓"天然去雕饰"。在环境污染、生态失衡的当代，人们亲近大自然、返璞归真的愿望非常强烈，具有天然野趣的风景区是人们的向往之地，日益受到旅游者的青睐，它们给人带来的是自由之趣、苍凉悲壮之感，使人心灵净化，促人率直。

### 三、生态旅游资源的美学特性

美学是在古希腊哲学家对美的哲学追问过程中产生的。"美学"一词最早源于希腊语"aisthetikos"，寓意是关于人的感觉。"美学之父"德国的鲍姆嘉通出版了《美学》一书，他用"Aesthetics"为美学命名，使美学正式成为一门学科。如今，广义上的美学既保留了最初人类对现实的态度、审美理想与审美关系的研究和对艺术创造、艺术欣赏与艺术教育的规律的揭示，同时还拓展到对人类有效劳动的一切形态及其审美价值的研究。

在我国，古人很少对美学进行系统的研究而使之成为一门学科。第一次将美学作为一门学科进行系统研究始于清末民初，美学研究第一人王国维将美学的部分内容和基本词汇引进国内，同时尝试着用西方近代学术方法和观念来审视我国古典审美传统。20世纪80年代始，我国美学研究进入全面系统研究的新阶段。美学既是一门理论性很强的科学，也是一门具有实践性的科学。美学从实践中来，回到实践中去，它的研究对象是以人对现实的审美关系为中心的一切审美现象。

生态旅游资源的形象美主要由形、色、声、味等因素构成。形象美主要泛指地象、天象之总体形态与空间形式的综合美，其中也包含主体在审美关照过程中所产生的生理和心理感受。从古至今，众多文人墨客、旅行家对名山大川的审美形态做了传承式的审美评价。形象美包括前面所述的雄、奇、险、秀、旷、野等几种典型的风格特征;随着季节交替、昼夜变幻等自然风物相映生辉,呈现出纷繁的姿态,构成多样化的一种审美,如春色之"苏堤春晓",夏色之"居庸叠翠",秋色之"西山红色",冬色之"西山晴雪";在诸多自然景观中,瀑落深潭、溪流山涧、幽林鸟语等自然声响,都与都市的机车喧嚣、人潮等噪音形成鲜明的对照。在这样的环境审美中,它们能给旅游者带来悦心悦耳的审美享受,许多地区景点均设有"松涛亭""听泉亭""留听阁"之类的景点。具有代表性的听觉美主要有鸟语、风声、钟声和水声;随着各种感官的不断"人化"和"社会化",嗅觉的审美感受能力也不断提高,并且在日常生活与审美实践中发挥着日益重要的作用。久居城市的人们,一旦深入山林,闻到草芳、花香,呼吸到新鲜空气,无不觉得情绪愉快,精神振奋,也不乏审美享受。

绚丽多姿的旅游资源在规划后可以使旅游者得到不同层次的审美体验和形态各异的审美意象。在旅游审美活动中,旅游资源作为审美客体,为审美主体即旅游者的审美活动的开展提供了重要的凭借对象。生态旅游资源本身蕴含的生态美的意境是旅游者在进行审美活动时的重要感知凭借。生态美的意境能够调动旅游者的审美积极性,给旅游者以审美感受,使他们的身体能够全部参与,多种感官融入自然界中,并获得一种不平凡的整体体验。

## 第三节 农村生态旅游审美考察

### 一、农村的生态之美

生态美,不仅包括自然生态的美,还包括人文生态的美。生态美是人类把自身所赖以生存的生态环境作为审美对象而产生的一种审美观照。生态美以自然资源为基础,同时涉及社会和文化,并把审视焦点放在人与自然的和谐共生的相互关系上。它的本质追求是自然生态和人文生态的和谐、人类的生存家园和精神家园的和谐。人对生态美的体验在人的参与和人类对生态环境的依存中取得。

自古以来,东方文化就以一种形象的诗性智慧、独特的审美方式表达了人们对生态美的追求,"江南好,风景旧曾谙。日出江花红胜火,春来江水绿如蓝,能不忆江南"。农村是地球上自然资源和生态环境保存较好的地方,宁静的村落,简洁朴素的乡村民居,远处的缕缕炊烟,萦绕在耳边的山歌,甚至是邻家院子里的鸡鸣犬吠……印入脑际的是一种诗情画意的生态之美。

近年来,国家倡导和支持的新农村建设成效显著,农村发展的外部环境、农业生产经营方式、农村经济社会结构、农民就业和收入结构等都发生了重大而深刻的变化,呈现在世人面前的是新农村、新农业、新农民,农村成了社会各界关注的焦点之一。历经贫穷落后、变革发展、生态破坏与保存修复,农村正好就是我国现代化发展历程的缩影,走进农村就可以亲身感受我国社会发展的巨大变迁。纯洁的蓝天,翱翔的飞鸟,新鲜的空气,泥土的芬芳,一望无尽的绿色,新鲜的蔬菜水果,无防腐剂与色素的农家饭菜,朴实、憨厚的农民,闲适恬淡的田园生活方式,独有的乡村民俗,浓浓的乡情……这些原生态的东西无不勾起人们对农村生活的向往。"乡村,作为一个与城市相对的概念,一直是人们乡愁意识的情结所在。人们热烈地怀念着故土,激情地吟咏着乡村,强烈地批判着城市。仿佛乡村就是人类现实生存的理想乌托邦。回忆中的乡村,经过时间的过滤,和成长历程中挫折苦难的渲染,俨然是一个人间天堂。"乡村有人们遗失的美好,生活在钢筋水泥里厌倦了闹市的喧嚣与繁忙复杂的人们,只有走进农村,走进自然生态,才可以完全放松自我,回归自我。

### 二、农村生态旅游的发展

1. 传统文化的潜移默化

我国是传统的农业大国,农耕文明历史悠久、根深蒂固。农业休闲观光的活动自古以来就是人们的消遣活动之一。发达的农耕文明决定了休闲观光活动对自然天时、农业活动的依赖。我国文学中,诗人们喜欢以山水田园为审美对象,把细腻的笔触投向静谧的山林、悠闲的田野、美丽的乡村,创造出一种田园牧歌式的生活,借以表现人们对美的追求,对诗意生活的追求。"采菊东篱下,悠然见南山""绿树村边合,青山郭外斜""梅子金黄杏子肥,麦花雪白菜花稀"……陶醉在此类诗句中,可以感受到乡村原始的生态美。我国乡村的山水格局、生态景观、村落民俗和草根信仰体系是"天、地、人、神"和谐的基础,也是农业旅游的吸引力所在。时下正在进行的"新农村"建设的基本内涵和理想图景就是"田园牧歌式的生活",多数中国人具有割舍不断的乡土情结,农村生态旅游正是现代都市人传承"古风"、寻找"本源"的重要活动之一。

2. 人类生态审美观念的形成

生态旅游的兴起源于人类生态审美观念的形成,而生态审美观念是伴随着自然生态的恶化、人文生态的缺失而开始提出的。从20世纪中叶开始,大气污染、水污染、水土流失和土地荒漠化、二氧化碳过度排放、全球变暖等环境问题不断困扰人们的生活,开始引起人们的重视。人类开始认识到环境问题已经成为影响生存的首要必须解决的基本问题。1962年,美国海洋生物学家莱切尔·卡逊(Rachel Carson)出版了著名的《寂静的春天》,描绘了一幅由于农药污染所带来的可怕景象,以雄辩的事实说明人类正处于生存发展的转折点上。这一作品的出现,在世界范围内引发了人们关于发展观念的争论。1972年,联合国召开环境会议,发布著名的《人类环境宣言》,将保护自然环境提到全人类关注的高度,生态危机成为全球关注的焦点。

2004年4月30日,《光明日报》发表《论生态文明》一文,提出了"人类文明正处于由工业文明到生态文明的过渡"的重要观点。我国历届政府都对生态问题高度重视,接连提出可持续发展方针并在全党开展深入学习科学发展观的活动,目的在于转变发展观念,协调经济发展、资源利用和环境保护三者之间的关系,使保护生态环境的观念深入人心。生态环境的逐步恶化和每一个人休戚相关,生态文明开始备受关注,生态审美观念形成,人类生态意识的觉醒促进了人类生态美审美价值观的确定。

3. "生态旅游"的农村视角

1983年,世界自然保护联盟(IUCN)生态旅游特别顾问Ceballos Lascurain提出了"生态旅游"的概念。生态旅游导向于审美主客体之间对立的统一,是人们对"天人合一"

之和谐美的追求。"除了脚印,什么也别留下;除了照片,什么也别带走。"深入自然、体验自然、感受自然,关注现实生命的存在状态,关注未来生态成为生态旅游的主要目的。

以自然资源为基础的生态旅游的最好目的地是农村。农村生态旅游理所当然地成了生态旅游的最重要的分支之一。妥善应用农业资源,充分利用农业经营活动、农村生活、田园景观以及我国传承已久的农耕文化、民俗风情、生活形式为市民提供自然生态的休闲环境,以满足人们不断增长的亲近自然、回归田园的美学体验需要,是发展农村生态旅游根本的社会原因。1998年,国家旅游局以"华夏城乡游"作为当年的旅游主题,使"吃农家饭、住农家屋、做农家活、看农家景"成为当年的旅游风尚。在这一风尚的带动下,休闲观光农业开始成为我国旅游业发展的方向之一。2006年与2007年,国家旅游局又分别确定旅游主题为"中国乡村游""城乡和谐游",极大地推动了我国休闲观光农业的发展。2009年年初,国家旅游局不失时机地确定当年为"中国生态旅游年",主题口号为"走进绿色旅游、感受生态文明"。从2002年开始,我国分别启动了国家生态旅游示范区、旅游扶贫开发区、国家旅游度假区建设工程,形成三区联系滚动发展的休闲观光农业旅游产品生产的新格局,我国特色的休闲观光农业得到进一步的加强和发展。多种多样的农业生态旅游项目、各种既不失农业特色又具有美学价值的农业生态旅游景区渐次出现。

回归自然,感受农村变化,从而引起人们对日益恶化的生态环境的重视,实现经济效益和社会效益的双丰收,成为农村生态旅游的初衷。

### 三、农村生态旅游的审美考察

18世纪德国著名哲学家席勒曾经说过:"美是形式,我们可以关照它,同时美又是生命,因为我们可以感知它。总之,美既是我们的状态,也是我们的作为。"人类的审美活动是一种整体性的、以心灵感知和情感体验为表现的内在生命活动和独特精神活动,是最符合人性尊严,也最能体现人的真本价值的自由的生命活动。审美体验是审美主体在具体的审美活动中被具有某种独特性质的客体对象所深深吸引,情不自禁地对之进行领悟、体味、咀嚼,以至于陶醉其中,心灵受到摇荡和震撼的一种独特的精神状态。社会在不断发展,人类的审美能力在不断提高,审美活动的范围也不断地扩大,"自然的人化"的范围也在不断扩大。人类对生态美的体验在"人的本质力量对象化"的过程中展现出来。依据李泽厚先生的观点,人类审美能力的形态展现可分为悦耳悦目、悦心悦意、悦志悦神三个方面。

(1)农村生态的外在表现给人以悦耳悦目的审美感受。乡野大地的天蓝地绿、水乡泽国的荷绿花红、"山重水复疑无路,柳暗花明又一村"的乡间小道,或者是新鲜的泥土气息、素淡的蔬菜清香都给人以悦耳悦目的直觉感受。审美主体通过农业生产和农村生活体验的各项活动,在原汁原味的农耕文化氛围中体验纯天然的绿色,体验自然美景,体验农家生活的闲适,体验农民兄弟的淳朴,体验自然生命的勃勃生机,体验本真率直的生存状态。

（2）农村"天人合一"的人居环境和人文生态给人以悦心悦意的审美领悟。农村人居环境从表面上看体现的是一种神秘的风水文化，而从人与生态环境之间的审美关系来重新审视它时，则发现其中蕴涵了难得的生态美内核。人居环境不仅是要满足人类对遮风挡雨、生活起居的物质需求，而且还要满足人类对心理、伦理、审美等方面的精神需求。它的发展表现了一个时代文化艺术的风貌和水准，凝聚了一个时代的人类文明。人居环境为人所造，又反过来通过它的"美育"作用陶冶人的心灵和性情。农村人居环境让人在悦耳悦目的过程中充分感受我国传统中"知者乐水，仁者乐山"与"天人合一"的传统意境。亲身参与农业劳作，审美主体体验到的是农事的艰苦和乐趣，是自然生命的力量，是生命新陈代谢的全部过程。春种秋收的农事过程，唤起了人们对生命蕴涵的思索，引发了人对生态观念的认同和生命真谛的领悟。

（3）对农村生态的审美体验最终将使人达到悦神悦志的精神升华。悦志，是对人的意志、毅力、志气的陶冶和培养；悦神，是投向本体存在的某种融合，是超道德而无限的一种精神感受。农村生态旅游的审美客体，是最具有原生态意义的自然生态和人文生态。在现时生态环境下，农村生态旅游实质上就是审美主体自我体验、自我反省、感受生命、尊崇生命、强化生态观念的自我教育过程。在此，审美客体演绎为一个沉淀着人类情感的精神世界，作为种族根系所在的乡野农庄以及围绕着它们的山水自然，神奇地幻化为离"家"日久的"游子"朝思暮想的精神家园。

（4）文化是旅游的灵魂，旅游是文化的重要载体。当代我国农村给我们呈现的是山水画、田园诗、民俗歌、生活曲、梦幻境，而农村生态旅游则应该是此基础上的一种"天人合一"的休闲方式。游客在休闲放松中实现回归自然的目的，在体验农村风情的过程中感受农耕的艰辛和劳动的快乐。生态旅游是人类对故乡情结的追求，对精神家园的寻觅，故乡情结是一种"远距离崇拜"现象，是人类对梦寐以求的精神家园的终极追求。

过度开发的恶果已经显现，人类在与自然的尖锐冲突中吃尽苦头，回归农业文明、感受农耕文化是冲突之后的一种心灵慰藉，更是未来发展道路的一种理性关照。人们到乡村田园中去体验和感受环境之美、自然之美、生态之美，就是要在"物我两忘"的审美境界满足净化心灵、丰富品格、追求崇高的审美期待。

现代农业生态旅游将是未来旅游业发展的一个重要方面。发展农业生态旅游不仅有利于农业结构的优化调整，提高农产品的附加值，也有利于带动服务业发展，推动经济技术的合作与交流，引进资金、技术人才，带动餐饮、旅馆、交通运输业、旅游产品加工业、房地产业的发展，从而促进农业实现量的增长与质的飞跃。农业生态旅游的开发还具有很高的社会效益和生态效益。农业生态旅游被认为是全球性的"朝阳产业"，发展农业生态观光旅游是促进经济持续、快速、健康发展的新举措；是推销名优特产品的重要途径；是筑巢引凤、招商引资的好契机；是加强城乡交流、提高农民整体素质的新思路；是调整农业产业结构、构建人与自然和谐环境的重要一环；是建设社会主义新农村、实现农业现代化的重要因素。

# 第八章

## 现代农业真、善、美
## ——以成都市郫都区唐昌镇战旗村为例

### 第一节　地域农业发展路线

**一、地域概况**

成都之西,向来青山绿水,地处府河之源的郫都区,八河并流、土壤深厚肥沃,亚热带湿润气候让这片土地物产丰饶、得天独厚,成为川西平原上耀眼的璀璨明珠。传袭千年的改革精神和创新基因使郫都区大胆先行先试,扎实抓好农业农村各项改革,有力推进全区农业农村发展和农民增收致富,承担起集体经营性建设用地入市、土地征收改革等多项国家级改革试点,为全国农业农村改革贡献了积极力量。

唐昌镇始建于唐仪凤二年,初称唐昌县,取大唐昌盛之意,距今已有1300多年历史,素以历史文化悠久、生态环境优美誉称。唐昌镇地处郫都区西北角,为成都市郫都区、彭州市、都江堰市三市县接壤中心,是连接成都至都江堰、彭州、绵阳等地的重要交通要道,是成都城镇建设重镇和成都西部商贸重镇。全镇辖区面积49.03平方千米,耕地面积21.6平方千米;辖17个自然村,常住人口5.2万人。

战旗村原名集凤大队(图8-1),村如其名,地处横山脚下,柏条河畔。位于成都市郫都区、都江堰市、彭州市三市县交界处。全村有耕地2158.5亩,辖区面积2853.8亩;有9个农业合作社,506户农户,1682人。

图8-1　战旗村

第八章　现代农业真、善、美——以成都市郫都区唐昌镇战旗村为例

### 二、地域农业供给侧结构性改革

郫都区作为成都建设全面体现新发展理念的国家中心城市都市新区，将坚定不移落实成都市委"西控"战略，坚持全域双创，推进创客郫都品牌建设，坚持大力发展高端绿色科技产业，坚持新发展理念，以推进农业供给侧结构性改革为主线，突出郫都区在生态环境、产业基础等方面的优势，重点在产业结构优化调整、产品供给质量提升、城乡一体化发展、农村体制机制创新等方面取得新突破，培育农业农村新动能，开创农业农村发展新局面。

为建成西部领先、全国一流的农业供给侧结构性改革示范区，推行的策略如下：

（1）坚持改革引领、创新驱动。深化农村体制机制改革，加强科技创新引领，努力在郫都区承担的重点改革试点任务上取得新突破，确保改有所进、改有所成，增强农业农村发展活力，为全省和全国农村改革探索新路。

（2）坚持全域推进、重点突破。立足于"双创高地、生态新区"建设大局，统筹谋划、全域推进农业供给侧结构性改革示范区建设各项工作，在重点领域、重点区域形成具有全国影响力的特色亮点。

（3）坚持政府引导、市场主体。强化政府的引导和支持，积极培育各类新型经营主体，引导和撬动社会资本投入农业农村，汇聚推进农业供给侧结构性改革的强大合力。

（4）坚持系统集成、综合示范。坚持攥指成拳，集成涉农政策、资金、项目、科技、人才等要素，聚力推进示范区产业转型升级、美丽村镇建设、体制机制创新，努力让农业更强、农民更富、农村更美，集中展示农业供给侧结构性改革综合成效。

## 第二节　郫都区农业发展策略

2015年起，战旗村先后关闭5家污染企业，完成二级饮用水水源区内企业的搬迁工作，同期着手实施土壤有机肥转化和高标准农田整治1000亩。战旗村确立了"一三联动、以旅助农"的长期发展战略，坚持集体发展的道路，在实施主动城镇化和做好土地集中经营的基础上，创立了13家企业，包括7家集体企业和6家民营企业，形成了以有机蔬菜、农副产品加工、郫县豆瓣及调味品、食用菌等为主导的农业产业和以五季花田景区为核心的旅游产业，推动产业生态化与生态产业化相辅相成，实现绿色种植、农业观光、休闲旅游等一、二、三产业融合发展格局。

### 一、农业农村改革

战旗村以农村改革为突破口，全面盘活沉睡资产，着力推动农村资源入市、城市资本下乡，激发转型发展的动力，初步实现了"产业得发展、农村得治理、农民得利益"的目的。具体如下：

（1）深化农村土地制度改革，盘活沉睡资源。2015年，战旗村抓住郫都区被列为全国土地制度改革试点契机，将原属村集体所办复合肥厂、预制厂和村委会老办公楼的

13.447亩闲置集体经营性建设用地,以每亩52.5万元的价格出让给四川迈高旅游公司,全村收益超过700万元,成功敲响全省农村集体经营性建设用地入市"第一槌"。截至2018年年底,全村共清理出集体建设用地近200亩,集体资产估值超过2亿元,通过入股经营、自主开发、直接挂牌等方式建设乡村振兴学院、乡村十八坊等项目,其中,由迈高公司投资7000万元建设的川西文化旅游综合体已建成开街。统筹、集约用好承包地,在民议民决的基础上,依托战旗土地股份合作社,将全村的耕地进行集中,统一对外招商、统一竞价谈判、统一管控形态,引进妈妈农庄、蓝彩虹蓝莓基地,实现1930亩土地规模化、景观化打造,成功打造3A级景区,打通了农业内外,连通了城乡两头。

(2)深化农村金融改革,激发农村发展活力。搭建村级"农贷通"金融服务平台,有效畅通农户、企业、银行对接渠道,利用土地承包权、建设用地使用权、生产设施所有权等各类产权抵押融资6000余万元。其中,"第一槌"入市项目用集体建设用地抵押,获得成都农商银行贷款授信1500万元,实际贷款410万元;村民朱建勇将其173平方米农房进行抵押融资,获得贷款15万元。

(3)深化农村集体产权制度改革,保障村民财产权利。2011年战旗村完成资源、资产、资金清理,2015年民主议定1704名经济组织成员,将集体资产股份量化到每名成员,并形成长久不变的决议,真正实现集体经济组织成员和集体资产股权"双固化",彻底解决农民进城的后顾之忧。其中,村民肖静宜因读书将户籍迁移到成都市区,仍然保留集体经济组织成员身份,享受到成员待遇,有效地保障了农民财产权利。

## 二、创新产业链

坚持以构建产业生态圈、创新生态链的理念组织经济工作,大力推动农业转型升级、创新发展,夯实乡村振兴物质基础。具体如下:

(1)创新土地经营。自20世纪70年代以来,敢为人先的战旗人率先兴办了村集体企业,迈出了脱贫致富的第一步。实施土地综合整治,运用城乡建设用地增减挂钩的政策,通过拆院并院的方式,整合节约出208亩建设用地,并将其挂钩到县城城区边使用,利用其预期收益向成都市小城投公司融资9800万元,用于土地整治以及新型社区建设,实现了土地收益1.3亿元,不仅归还了融资公司的本息,还将剩余的资金用于产业园区基础设施建设。

在完成村民集中居住后,2011年又进行了土地确权,确权后人均耕地1.137亩。村民利用耕地承包经营权入股,村集体注入50万元资金,建立了土地股份合作社统一管理土地。其中部分用于合作社建设农业生产示范基础,发展高端设施农业,一部分出租给种植大户,以家庭农场形式种植蔬菜、苗木。剩余的900亩用于引进龙头企业,其中,引进一家占地300亩的规模化、标准化的农产品食用菌杏鲍菇生产企业,年亩产值达50余万元。

(2)创新孵化链。发挥国家双创示范基地的品牌效应,通过平台孵化、科技孵化,不断催生新产业、新业态、新模式。引入有"甲骨文"从业经验的创客秦强,搭建"人人耘"种养平台,通过一端连城市高端消费群体,一端连农场,以绿色高端农业和体验农业推动农业经营模式创新。从2017年6月上线,短短半年时间,消费用户达到3万余人,营

# 第八章　现代农业真、善、美——以成都市郫都区唐昌镇战旗村为例

业收入破1000万。发挥新技术对高端产业的支撑作用，汇菇源通过与四川省农业科学研究院合作，采用技术融合的方式培育出有川西平原特色的黄色金针菇等优质菌种，产品进军海底捞火锅店，实现包揽销售，年产值上亿元。

（3）创新加工链。运用新技术、新设备提升加工生产效率，植入新元素丰富加工生产外延，不断提升生产加工质效。聚集中延榕珍菌业、浪大爷等农产品生产加工企业6家，建立自动出菇车间等多条自动化生产线，实现标准化、智能化、高效化生产，年产值达3亿元。建设乡村十八坊体验中心和郫县豆瓣非遗制作展示基地，将创意、科普、体验等元素融入其中，拓展酒醋、豆瓣酿造等传统工艺价值空间。

（4）创新营销链。坚持以消费需求为导向，做大做强天府水源地公共品牌，运用大数据、物联网等新技术，实现线上线下精准营销。与"猪八戒网""天下星农"等知名品牌营销公司合作，对云桥圆根萝卜、唐元韭黄、新民场生菜等绿色有机农产品进行包装设计和精准营销，其中，云桥圆根萝卜卖到了北京盒马生鲜超市，并与日本BFP株式会社签约，成功出口日本。利用京东云创对先锋萝卜干、即食香菇等系列产品进行"梳妆打扮"，按众筹方式，利用大数据为消费者"画像"，根据消费者需求进行精准生产、精准投放，同时倒逼建立食品质量安全追溯体系。先锋萝卜干卖出了猪肉价，15元1斤的价格是以前的3倍。

## 第三节　郫都区特色农业产业

鲜菇产业、丹丹豆瓣、云桥圆根萝卜……从改革开放前农业企业为零，到如今拥有国家级农业产业化经营重点龙头企业2家，省级龙头企业10家，市级龙头企业24家；从1985年全县农业总产值仅18894万元，到2017年农业总产值达41.65亿元；从单纯的自给自足式种植，到农业产业化发展。改革，始终是推动农业农村发展的不竭动力，农村资源被快速激活，大量社会资本、技术、人才等涌入乡村，开辟了农村产业的新业态、新模式。

**一、鲜菇产业**

汇菇源项目是成都市郫都区引进的重点高端农业项目，该项目取得了出口备案资质，已建成该区第6个出口备案生产基地。

成都汇菇源生物科技股份有限公司成立于2016年4月，占地面积128.34亩，包括生产设施用地121.95亩，附属设施用地6.39亩，项目总投资1.2亿元，是一家集食用菌生产、研发、销售为一体的企业，是一家食用菌标准化、规模化、周年化的食用菌工厂化生产基地。产品已销往全国各地，成为日产约90吨鲜菇（年产约3万吨）、年产值超亿元的我国西南最大的黄色金针菇生产基地（图8-2）。

(a)　　　　　　　　　　　　　　　(b)

图 8-2　鲜菇产业基地

## 二、丹丹豆瓣

川菜是我国八大菜系之一，自古讲究"五味调和""以味为本"，特别讲究色、香、味、形，兼有南北之长，以味的多、广、厚著称。追古溯今，川菜的发展都与成都郫都区结下了千丝万缕的不解之缘。

从郫县陈家利用"霉豆瓣"酿造出第一缸郫县豆瓣开始，300年来，经过无数后人对豆瓣工艺的提炼，"郫县豆瓣"如今被称为"川菜之魂"。今天的"郫县豆瓣"对于成都人来说，不仅仅是一道美味的调味品，更是与地道的川菜一起，构成了极具成都特色的美食名片。

当前，成都郫都区依托我国川菜产业化园区（图8-3），规划建设9.4平方千米的中国川菜产业城，培育形成以郫县豆瓣为核心的千亿级产业集群，打造全球川菜生产集散中心、川菜人才培养输出中心、川菜文化传播中心，建设"美食之都、世界厨房"，从而让川菜香飘世界。走在郫都区的大街上，随处可见的就是生产郫县豆瓣酱的工厂，豆瓣酱的香味也弥漫在大街上，仿佛是走到了川菜馆里的后厨一般。郫县豆瓣具有"色红褐、油润、酱酯香、味鲜辣"之特色，采用独特的传统特殊工艺，以优质红辣椒为主要原料经过盐渍制成辣椒胚；用蚕豆制曲，发酵6个月以上制成甜豆瓣；把辣椒胚按比例拌和甜豆瓣入缸翻、晒、露，历时3个月以上酿造成熟。

(a)　　　　　　　　　　　　　　　(b)

图 8-3　豆瓣产业基地

# 第八章 现代农业真、善、美——以成都市郫都区唐昌镇战旗村为例

郫县豆瓣酱的独特风味,与其特殊的地理和气候条件有密不可分的关系。郫都区位于成都平原中心,气候温暖、雨量充沛、无霜期长、四季分明,属于亚热带季风性湿润气候,终年湿润,年平均气温为15.7℃,年平均日照时数达1264.7小时,平均相对湿度为84%,极有利于多种微生物生长繁殖和多种霉充分完成酶解作用;同时还为郫县豆瓣翻、晒、露的工艺操作创造了良好的自然条件。

郫都区位于岷江上游的都江堰灌溉区,为成都市水源保护区范围,水源无污染,水质条件好,且富含多种矿物质,尤其是含有多种微量元素,为"郫县豆瓣"的制作提供了稳定而优质的酿造用水。地表土层由第四纪沉积物发育而成,土层深厚,土壤以水稻土为主,可耕性和通透性较好,宜种性广,富含磷、钾、钙、镁、锰等丰富的矿物质,自然肥力高,有利于辣椒、蚕豆等多种农作物的生长,为"郫县豆瓣"的生产提供了优质原料。

郫都区发展川菜产业的具体目标为:到2022年,川菜产业功能区工业总产值达到500亿元,培育10亿元以上企业5户、上市企业3户,搭建政产学研协同创新平台6个,构建企业技术中心(工程技术)、重点实验室共计30个,初步建成川菜产业化生态圈;到2035年,川菜产业功能区工业总产值达到1300亿元,培育10亿元以上企业30户、上市企业5户,搭建政产学研协同创新平台10个,构建企业技术中心(工程技术)、重点实验室共计60个,全面建成具有区域竞争力和行业显示度的产业新城。

### 三、云桥圆根萝卜

云桥圆根萝卜是四川省成都市郫县的特产(图8-4)。云桥圆根萝卜呈扁圆形、无分叉;表皮白色、肩部微绿、底部乳白;肉质致密、脆嫩、多汁,品质上等。云桥圆根萝卜为国家农产品地理标志保护产品。

(a)　　　　　　　　　　(b)

图8-4　云桥圆根萝卜

云桥圆根萝卜原产于郫县新民场镇北部的云桥村,产区地处岷江洪冲积扇平原,属成都市饮用水源一级保护区,气候温和,土质疏松肥沃,生产的云桥圆根萝卜较其他种植区域具有肉质致密、脆嫩、多汁、回甜、无辣味及无糠心等特点。

云桥圆根萝卜已有一千多年的历史。《郫县志》上就有"春不老萝卜"的记载。2015年,云桥圆根萝卜取得国家农产品地理标志认证,产区地域保护范围包括郫都区新民场、唐元、三道堰、古城、安德、唐昌等6个乡镇(街道)、63个村,种植保护面积10569公顷,年产量10万吨。

云桥圆根萝卜营养丰富,美味可口,一直是广大居民餐桌上必不可少的家常菜,鲜食、煮食、凉拌、腌渍或干制均可,更是牛肉炖萝卜和老鸭汤等特色佳肴的主要原料。20世纪70年代开始,经当地种子公司和蔬菜经销商的共同努力,云桥圆根萝卜逐步走出郫县,推向全国。1981年,萝卜种植大户、土专家查文元的"郫县'春不老'圆根萝卜"在《农业科技通讯》杂志第7期上发表,引起全国广泛关注。1996年,云桥圆根萝卜成为中南海特供蔬菜。郫县是农业农村部命名的"整县无公害农产品生产基地县"、川西粮仓和成都市优质农产品生产供应基地。县政府高度重视以云桥圆根萝卜为代表的绿色生态蔬菜产业发展,强化萝卜种植繁育技术规范,制定标准化技术规程,不断优化品质,同时辅以"郫县·中国川菜产业园区"的加工企业对其深度开发。近年来,随着郫县休闲农业和乡村旅游业的发展,以云桥圆根萝卜为主要原料的深加工制品及农家风味食品成为旅游休闲及佐餐、馈赠佳品,其系列产品销往重庆、陕西、湖北、上海等30多个省市,市场前景十分广阔。云桥圆根萝卜现已形成以农业产业化龙头企业为依托、合作社为纽带、家庭经营为基础的模式,产业化链条日趋完善,有效带动了农户增收致富。

小萝卜,也有大发展。2018年4月8日至10日,40家"郫都造"特色农副产品、川菜调味品企业参加了"成都造·中国行"北京站活动,与北京客商成功签订总额达1200余万元的购销协议。云桥圆根萝卜已成功实现"进京入市",还与来自澳门等地的客商签订10万千克新鲜萝卜购销协议,云桥圆根萝卜还成功"走出去",出口到韩国、日本。

## 第四节　美丽战旗村

### 一、生态宜居之美

牢固树立"绿水青山就是金山银山"的理念,坚定不移走好绿色生态发展之路,让战旗村生态底色更亮丽、生态经济更蓬勃、生活环境更宜居。

(1)优化规划建设理念。与中国建筑设计院、同济大学研究规划院等合作,按照"一村一风格、一片区一特色"的思路,以战旗村为核心,将周边火花、金星、横山、西北4村进行"一盘棋"统筹规划。在编制规划中,将乡村总体发展规划、土地利用规划与产业、生态、基础设施、公共服务等进行多规合一,"一张蓝图绘到底"。与深圳上启艺术合作,在坚守耕地保护、生态环境等"刚性红线"的基础上,柔性植入时尚、艺术等元素,让战旗村规划建设更有灵魂、有活力。

(2)发展绿色高端产业。"宁要绿水青山,不要金山银山",战旗村原铸铁厂年税收接近千万,但污染严重,群众意见很大。2016年村集体商议后,以壮士断腕的决心将其关闭,同时还关闭化肥厂、规模养殖场8家。这是村集体经济转型发展过程中遭遇的一次阵痛,但为第五季香境、乡村振兴学院等三产项目的建设腾出了空间,实现资产增值裂变。目前战旗村正在与山东寿光蔬菜产业集团、中国铁建昆仑投资公司洽谈,加紧创建4A级景区,打造"两线一团精彩连连"乡村振兴体验精品路线,建设800余亩绿色有机蔬菜基地,加快推动村集体经济转型升级。

# 第八章 现代农业真、善、美——以成都市郫都区唐昌镇战旗村为例

（3）营造优美宜居环境。制定出台"五个不"（不砍一棵树、不采一粒沙、不填一座塘、不断一条渠、不损一栋古建）管理办法，守住生态底线，发展"美丽经济"。坚持公园城市建设理念，再造大地景观，通过锦江绿道、战旗绿道、横山绿道将周边火花村、西北村特色林盘、柏条河、柏木河湿地、横山村、战旗村田园综合体有机地串联起来，建设1000亩高标准农田，实行水旱轮作、稻鱼共生，打造5000亩大田景观，塑造"田成方、树成簇、水成网"的乡村田园锦绣画卷（图8-5）。

(a)　　　　　　　　　　　　　　(b)

图8-5　农业基地

## 二、创建五季花田景区

五季花田景区以花田新村、妈妈农庄、婚庆会务、美味果蔬为主题资源，以薰衣草花田为核心吸引物，为游客提供了最优质的休闲度假环境（图8-6）。

2012年，在我国村社发展促进会的支持下，战旗村农业公园项目启动。该项目由新型社区、妈妈农庄、文化大院等资源盘活，除此之外，还整合了沙西线以南近2000亩土地，其中涉及集体建设用地约150亩，以战旗全资控股的投资平台——成都集凤投资管理公司为平台，打造天府农业旅游体验地和生态田园小镇。这里远山近水，宜居宜游，可谓是成都平原上的美丽田园。

(a)　　　　　　　　　　　　　　(b)

图8-6　五季花田景区

## 三、农业旅游体验地

2012年,在我国村社发展促进会的支持下,战旗村农业公园项目启动。该项目由新型社区、妈妈农庄(图8-7)、文化大院等资源盘活,除此之外,还整合了沙西线以南近2000亩土地,其中涉及集体建设用地约150亩,以战旗全资控股的投资平台——成都集凤投资管理公司为平台,打造天府农业旅游体验地和生态田园小镇。其中天府风情小镇、农业科技园、乡村十八坊、农业养生等四大板块各具特色(图8-8),块块出彩。

(a)

(b)

图8-7 妈妈农庄

(a)

(b)

图8-8 天府风情小镇、乡村十八坊

特色即竞争力,天府风情小镇充盈着创新的元素,以土地入股的方式,联合成都港蓉集团一同开发,共同管理,按比例收益。其主要板块包括风情商业街、旅游地产、田园酒店、农家客栈和商务会所、美食娱乐等产业形态。现代农业科技园占地200余亩,将现有的种苗培育、大棚蔬菜、季节蔬菜、蓉珍菌业等优质资源重新整合,构成集农业生产、农业生态循环、科技创新、景观农业和休闲餐饮为一体的综合式现代农业园。

# 第四节 对战旗村未来的展望

战旗社会主义新农村经过一年多的建设,现已初步完成了"两区",即现代农业产业园区、农民新型社区;"一中心",即文化活动中心;"两改造",即村集体资产股份制改造和村容村貌改造的"二一二"工程。展望未来,该村将继续围绕现代农业产业园区、新型社区建设狠抓"土地流转"这个重点,形成村、企、农互动、良性循环发展的新型农村集体经济运作模式。

(1)依托川菜产业化基地,合理布局、统筹推进优质蔬菜、花卉苗木、设施农业基地的建设,促进土地向规模经营集中。在5年内使战旗村耕地规模经营比重达到90%以上,并带动周边两个村耕地规模经营占比达70%以上。2018年10月底前完成现代农业产业园新拓展面积500亩,形成1000亩规模。

(2)建成聚集5000人集中居住,形成设施配套、功能完善的非建制型小城镇。2018年已完成中心村一期100亩区域集中居住房及基础设施、配套公益设施建设,入住1000人。

(3)按照建立现代企业制度的要求,总结推广"村企农三合一"模式,深化集体企业改制,促进现有企业做大做强;与安德中小企业园有机对接,引进建成一批小型农产品加工企业,实现企业基地生产与区域内企业发展有机联结,同时实现农民充分就业。

(4)依托沙西线休闲旅游产业带建设和临近柏条河优势,结合第一产业发展,引水入城,大力发展休闲娱乐、旅游观光、农家生活体验等特色第三产业。

(5)结合第一产业土地流转、第二产业村企改制及企业引进建设、第三产业蓬勃发展,多渠道培育壮大新型集体经济,力争集体资产年均增长在15%以上,集体经济年均增长在20%以上。在拆院并院完成后,结合村改居工作,推进村集体企业改制的股份量化工作。

# 参考文献

艾伦·卡尔松,2006. 自然与景观(环境美学译丛)[M]. 陈李波,译. 长沙:湖南科学技术出版社.

巴兆祥,1999. 试论民俗旅游[J]. 旅游科学(2):36.

保罗·哈克,刘沛,2002. 走向功能音乐教育[J]. 人民音乐(11):32-36.

北京大学哲学系美学教研室,1980. 西方美学家论美和美感[M]. 北京:商务印书馆.

陈传康,王民,牟光蓉,1996. 中心城市和景区旅游开发研究[J]. 地理学与国土研究(12):47-51+59.

陈洪宏,2009. 森林生态旅游对环境的影响及对策[J]. 北方经贸(4):128-129.

陈望衡,阿诺德·伯林特,2007. 环境美学[M]. 张敏,周雨,译. 武汉:武汉大学出版社.

程相占,马明,李静,等,2007. 生态智慧与中国环境美学思想史研究[J]. 江苏大学学报(社会科学版),9(4):21-24,33.

狄德罗,1984. 狄德罗美学论文选[M]. 徐继曾,宋国枢,译. 北京:人民文学出版社:429.

杜夫海纳,1985. 美学与哲学[M]. 北京:中国社会科学出版社.

葛悦华,2008. 关于生态文明及生态文明建设研究综述[J]. 理论与现代化(4):122-126.

郭来喜,1997. 中国生态旅游——可持续旅游的基石[J]. 地理科学进展(4):4-12.

何磊,2009. 谈生态旅游者的判定、特征及培育[J]. 商业时代(4):49-50.

黑格尔,1997. 美学第2卷[M]. 朱光潜,译. 北京:商务印书馆.

黑格尔,1997. 美学第3卷(上)[M]. 朱光潜,译. 北京:商务印书馆.

杰弗瑞·戈比,2000. 你生命中的休闲[M]. 康筝,译. 昆明:云南人民出版社.

康德,1964. 判断力批判(上卷)[M]. 邓晓芒,译. 北京:商务印书馆.

拉吉·帕特尔,2008. 粮食战争[M]. 郭国玺,程剑峰,译. 北京:东方出版社.

李峰,吕卫东,2004. 美学概论[M]. 北京:中国农业大学出版社.

李学丽,1999. 生态现代化的哲学探讨[J]. 自然辩证法研究(4):3-5.

李泽厚,1999. 美学三书[M]. 合肥:安徽文艺出版社:536-546.

里夫希茨,1983. 马克思论艺术性和社会理想[M]. 北京:人民文学出版社.

梁启超,1981. 趣味教育与教育趣味[M]//北京大学哲学系美学教研室. 中国美学史资料选编(下册). 北京:中华书局.

列宁,1959. 黑格尔《逻辑学》一书摘要[M]//列宁. 列宁全集(第38卷). 北京:人民出版社:229.

列宁,1990. 列宁全集:第55卷[M]. 北京:人民出版社.

鲁枢元,2006. 生态批评的空间[M]. 上海:华东师范大学出版社:121.

马克思,1995. 1844年经济学哲学手稿[M]//马克思,恩格斯. 马克思恩格斯选集(第1卷). 北京:人民出版社:47.

马克思,恩格斯,1995. 马克思恩格斯全集:第1、3、25、30、42、46卷[M]. 2版. 北京:人民出版社.

马克思,恩格斯,1995. 马克思恩格斯选集:第1-4卷[M]. 北京:人民出版社.

毛泽东,1991. 毛泽东选集:第3卷[M]. 北京:人民出版社.

史密斯,2011. 转基因赌局[M]. 苏艳飞,译. 南京:江苏人民出版社.

唐军,2004. 追问百年——西方景观建筑学的价值批判[M]. 南京:东南大学出版社.

王苏君,2004. 走向审美体验[D]. 杭州:浙江大学.

邬敏辰,2005. 食品工业生物技术[M]. 北京:化学工业出版社.

吴家骅,2004. 景观形态学[M]. 叶南,译. 北京:中国建筑工业出版社.

西蒙兹,斯塔克,2009. 景观设计学——场地规划与设计手册[M]. 朱强,俞孔坚,等,译. 北京:中国建筑工业出版社.

项之圆,2004. 巴蜀山地寺观的审美探析[D]. 重庆:重庆大学.

许自强,2003. 美学基础[M]. 北京:首都经济贸易大学出版社:112.

郇庆治,2005. 西方生态社会主义研究述评[J]. 马克思主义与现实(4):89-96.

叶朗,2009. 中国的审美范畴[J]. 艺术百家,25(05):37-47+238.

一民,2010. 转基因食品天使还是魔鬼[M]. 北京:中国人民大学出版社.

赵文,2006. 食品安全性评价[M]. 北京:化学工业出版社.

宗白华,1981. 美学散步[M]. 上海:上海人民出版社.

ACEMOGLU et al, 2001. The Colonial Origins of Comparative Development: An Empirical Investigation[J]. American Economic Review, 91(5): 1369-1401.

JASON W MOORE, 2001. Marx's Ecology and the Environmental History of World Capitalism[J]. Capitalism Nature Socialism, 12(3): 134-139.

KELLY, MICHAEL, 1998. Encyclopedia of Aesthetics[M]. New York: Oxford University Press.